出　品：大光文化
主　编：陈宏程
副主编：康　耘　王　鹏
编　绘：大山楂丸船长
撰　稿：白　婧　毕可雷　陈宏程　江莎莎　金荣莹　康　耘
　　　　林　琼　李艳慧　王　鹏　张玲玲　张　亚（按字母排序）

大山楂丸号船员
策划统筹：马　晶
插　　画：张梦娇　李诺雅
文字编辑：周春卓　李姝颖　王　蕾
排版设计：李珊珊

图说身边的生物

项目式学习读本

上册

陈宏程 ◎主编　康耘 王鹏 ◎副主编　大山楂丸船长 ◎编绘

安徽美术出版社

图书在版编目（CIP）数据

图说身边的生物 / 陈宏程主编；康耘，王鹏副主编；大山楂丸船长编绘. —合肥：安徽美术出版社, 2023.12
ISBN 978-7-5745-0138-6

Ⅰ.①图… Ⅱ.①陈…②康…③王…④大… Ⅲ.①生物－普及读物 Ⅳ.① Q-49

中国国家版本馆 CIP 数据核字 (2023) 第 072433 号

图说身边的生物
TU SHUO SHENBIAN DE SHENGWU

陈宏程主编 康耘，王鹏副主编 大山楂丸船长编绘

出 版 人：王训海	选题策划：熊裕明
责任印制：欧阳卫东	责任编辑：刘欢
出版发行：安徽美术出版社	责任校对：陈芳芳

社　　址：合肥市翡翠路1118号出版传媒广场14层

邮　　编：230071

营 销 部：0551-63533604　0551-63533607

印　　制：小森印刷（北京）有限公司

开　　本：787mm×1092mm　1/16

印　　张：16.625

版（印）次：2023 年 12 月第 1 版　2023 年 12 月第 1 次印刷

书　　号：ISBN 978-7-5745-0138-6

定　　价：399.00 元

如发现印装质量问题影响阅读，请与我社营销部联系调换。

珍视身边被我们忽略的生命

早些时候，本书主编陈宏程先生便邀约作序，无奈各种事由，我总是拖沓。我翻阅本书之时，有相见恨晚之感！此书令人爱不释手，当应力荐！

"众里寻他千百度，蓦然回首，那人却在灯火阑珊处。"《图说身边的生物》就是我一直想寻找的好书！

我在国家动物博物馆专职从事科普工作十余载，经常带领孩子在北京市内观鸟、看植物、挖土壤找石子儿、夜望星空……或至菜市场，看看北京市里有什么河鲜、水果、蔬菜。我们也曾经多次组织亲子前往国内的自然保护区、野外研究基地，或者东非、亚马孙河流域、东南亚的国家公园开展野外科考体验活动。在观察、调查、考察过程中，让孩子们了解当地的动物、植物、矿物，这些都是博物学通识课的重要内容。然而，作为科普工作者的我们，还有很多自然教育工作者，甚至热爱大自然的、愿意带孩子亲近大自然的父母，都深感案头缺少可以识别周遭生物的适合青少年阅读的工具书。

尽管这些年"鸟类野外手册"及各种动植物的野外识别手册、鉴定图册层出不穷，但其要么关注某一特定类群，要么是关于一个大城市或大地区的大部头著作，而针对青少年的识别物种之读物颇为匮乏，且涉及手绘、图画书或者系统介绍"身边的生物"的书更是罕见。

而且，令我感到些许不安的是，当下孩子们离大自然愈加遥远。青少年也是社会性动物，需要社交，需要户外活动，过去的三年却只能蜗居在家上网课，连起码的运动都减少了很多。更令人担忧的是，今天我们的孩子们眼中有爸爸妈妈，有老师同学，有周围的人，但是众多孩子的眼中却没有草木虫鱼，没有丰富多彩的动物、植物。

我在各种活动中常问一个问题："麻雀身上哪里是黑色的？"能够准确回答此问题的孩子寥寥无几，绝大多数的成人也搞不清楚，或者只是含糊其词地猜测罢了。麻雀几近遍布全国各地，人人均识得，人人均以为熟悉。可能就是太熟悉、太普通了，人们反而忽视了它们的存在，更甭提仔细观察它们的长相，了解它们的习性，熟悉它们的世界了。

城市里的孩子即使没有机会去自然界观察野生动物，但是在一个城市或者乡镇仍然有可观的野生动物或者其他生物生活在我们的周围。若我们的孩子生活在农村或者偏远山区，他们接触到多样生物的机会更多。即便如此，大多数的少年儿童都对周围的生物、生命是忽略的。现在的孩童普遍染了一种病——大自然缺失症。其最终之恶果，并不是他们少了一点儿科学知识，而是缺乏对生命的尊重，对大自然的敬畏，甚至未来或将不顾其他而为所欲为。

我记得，我们上小学的时候有自然课，我父母上小学的时候有博物课。大约进入21世纪以来，小学教育中将自然课升级为科学课，看似我们在提升教育水平。但我始终认为，孩子学科学可以晚一些——科学本身产生都很晚，从人类发育过程、科学发展历程来看，"多识于鸟兽草木之名"的"博物"之课更值得小学生去学习。

孩子们更需要在年幼的时候认识他们所生活的地方——他们家乡的一草一木、一虫一鱼、一鸟一兽，他们应该对踩在自己脚下的土地有所了解，有所感知，有所关爱。认识这些东西，也不是为了简单地去增加知识，而是为了孔夫子当年提倡的"多识"。即使功利地讲，这对孩子们完成作文都有极大的好处——让他们写作更有辞藻，更多比喻，更多丰富的描述。您看，从《诗经》到唐诗宋词，多少句子都充满了自然之元素。因为人类的精神世界注定离不开大自然，绝对不能脱离生命。而认识生命、理解生命、尊重生命，就得从身边做起。

近些年，以科技教育专家陈宏程先生为代表的一批关注自然和在地关怀的老师，热衷于引导少年儿童亲近自然，参加各类科普活动、自然教育活动。我便是在国家自然博物馆，尤其是"环球自然日"等活动中与陈先生相识相知的。陈先生将博物学启蒙教育带入校园，普及给更多学校，让诸多同学受益。

各位教师主张同学自己观察、探究，自己动笔撰写观察记录报告，并邀请科学家或科普名师指导。《图说身边的生物》是众人拾柴之作，是不同方面的人们共同努力，践行自然保护理念，强调"身边"之重要性，培养孩子们观察能力，让其掌握比较分类分析方法，提升其科学人文素质水平之作。

我想，阅读之目的，并不是把这本书的小读者们培养成博物学家、科学家或者其他什么家，而是让他们感悟自然之魅力，感受自然之美，寻找身边生命世界带来的快乐。最终，让我们的孩子们成长为一个正常的人，成为一个"博学、博爱、博雅"之人，一个有血有肉有灵魂之人！

是为荐。

国家动物博物馆副馆长、研究馆员

2023 年 1 月 30 日

身边那些"无用之学"的有用之处

一份工作做的时间长了，总会有一种熟悉的陌生感，总会自觉不自觉地开始思考工作的意义，做科普也是如此。写科普书究竟有什么用？做科普活动究竟有什么用？拍科普视频究竟有什么用？科普内容，特别是植物科普内容，看起来就是"无用之学"。

即便能分清桃李杏梅，即便能把樱花品种尽数列举，那又能如何？即便能搞清楚茶叶发酵的方式，即便能把红绿黄白黑青茶的发展源流娓娓道来，那又能如何？即便能把蔬菜和水果的演化历史弄明白，把大白菜的知识弄通吃透，那又能如何？很多喜欢植物、喜欢动物、喜欢大自然的朋友多多少少都有这样的困惑。即便自然能够为我们讲述这些迷人的故事，能为我们提供别样的愉悦，但是除了迷人和愉悦，这些知识又有什么用呢？

在这个飞速发展的时代里，我们都会自觉不自觉地把"实用"和"效率"这两个词奉为圭臬，而生活中那些花鸟鱼虫只是闲时玩物而已。于是，事关动物、植物、矿物、天象的博物学，自然被视为"无用之学"。

注意了，"无用之学"的用处才是大用处！

在忙碌的现代生活中，总会有一粒叫孤独的种子在我们的心中扎根，它的根系会牢牢缠绕住我们的心。能够支撑我们走下去的动力和智慧，其实就藏在我们身边的动物和植物身上。即便是肉眼不可见的蓝藻，它们的细胞中也蕴含着让我们惊叹的生存智慧。不管是在肥沃的菜园，还是贫瘠的荒漠，不管是雾气氤氲的沼泽，还是阳光耀眼的高山，都有植物在经营自己的生活，就算是家门口的地砖缝里也有苔藓在努力生长。不要嘲笑蓝藻数十亿年的不变，那是因为它们能牢牢掌控海洋和江河，不需要改变而已。

仔细观察大自然，一种豁然开朗的感觉会自然而然地迸发出来。原来生命世界运转的真正原则就是适应，原来每个物种都有自己独特的生态位，原来每一种看起来普通的动植物都有属于自己的生存智慧。而这些，恰恰是自然界、是博物学带给我们最宝贵的财富。快去观察身边的植物朋友吧，每一种植物都不简单。大白菜不仅关乎我们的营养，它能成为"百菜之王"有其独门生存绝技，为我们认知植物变异提供了重要线索。快去亲近身边的动物朋友吧，每一种动物都不简单。乌鸦不仅仅是中国古代重要的吉祥符号，它也是具有极高智商的鸟类，为我们理解动物朋友的行为提供了珍贵例证。快去感悟身边的自然朋友吧，每一种生命都不简单。每一个物种在生存和繁衍中展现出的智慧，都是生命之美的终极形态。

希望大家都能从身边的生灵当中，找到属于自己的生命之美，找到属于自己的关于幸福的终极答案，这恰恰是博物学这门"无用之学"能够带给我们的宝贵财富。

阅读自然，从今天开始。

植物科普作家、中国科学院植物学博士

2023 年 1 月

写一本适合孩子的生物科普书

人类是生物界的一员，地球上的其他生物是我们人类的朋友。人们的衣、食、住、行、医，很多都直接或间接地来源于我们身边的生物。如果多加注意，你会发现我们的文化也和生物密不可分。"蒹葭苍苍，白露为霜，所谓伊人，在水一方。"（《诗经》）"春眠不觉晓，处处闻啼鸟。"（孟浩然《春晓》）"小荷才露尖尖角，早有蜻蜓立上头。"（杨万里《小池》）"两个黄鹂鸣翠柳，一行白鹭上青天。"（杜甫《绝句》）"枯藤老树昏鸦，小桥流水人家。"（马致远《秋思》）这些诗句都呈现出了人与生物共存共生的美好画面。

写一本小朋友喜欢的，并能和家长、老师一起随时随地了解身边生物朋友的科普图书，一直是我们创作团队的想法。《图说身边的生物》的出版，凝聚了全国各地的小朋友、老师、专家的心血。

本书面向中小学生，选取了十个场景为话题，每个场景中选取常见的四种生物——两种植物和两种动物，由学生撰写该物种的故事，科技老师进行知识的科普，专业画师绘制精美的画面。本书以自然笔记的形式，深入浅出地介绍知识，同时能潜移默化地培养孩子的审美。除了耐看、可读以外，每个场景都搭配精心设计的任务单，读者可以根据任务单把遇到、见到、想到的记录下来。在使用这本书的同时，读者也会成为一名小小科研工作者，之前完成的每一篇任务单都是读者的科研成果，可以拿着这些成果参加各种科技活动或比赛。这本书既能作为生物爱好者的科普读物，也可以作为学校课内或课外实践活动的教材。

在书稿策划和撰写中，我们得到了全国许多老师的响应和支持，也收到了很多小朋友用他们稚嫩的笔触写出的动人故事，这令人欣喜和感动！国家动物博物馆副馆长张劲硕博士，知名植物科普作家、中科院植物学家史军博士，应邀分别撰写了序言，在此一并感谢！

在写作过程中，编委会参考了许多图书、网络资料等，虽经过多轮审校，但也难免有疏漏或不足，敬请批评指正！

主编 陈宏程

2022 年 10 月

前　言

生物是自然界中最令人陶醉的事物之一，从微小的细胞到壮硕的大象，从婴儿的第一声嘹亮啼哭到老树的第一个百年沧桑，生物界呈现着无穷无尽的神奇。

植物通过光合作用为动物提供氧气和食物，动物通过传播花粉和种子来帮助植物繁衍，它们通过自身的生存策略和生殖机制，在确保自己和后代能够生存下去的同时，也展示了不同生物之间赖以生存的关系。它们互相影响，在漫长的进化历程中不断适应着环境的变化，参与其中的每一个个体都在努力维系着生态系统的平衡与稳定，那源于生命本身的坚韧和渴望，是生命的浪漫，亦是自然的表达。

在这个充满了知识和探索的时代，我们有幸为孩子们呈现一份特殊的礼物——《图说身边的生物》系列。为了适应未来发展的需要，这套书将自身与科学探索活动密切联系。它不仅仅是一套传统的生物学科普读物，提供生动的科学阅读体验，更是踏足科学大陆的精彩冒险，在阅读的同时，你还要动手实践，去观察，去探索，去尝试。

在这里，你将从新的视角发现各种身边生物的独特之处，了解它们的生活方式，追寻它们演化的故事。这些看似平凡实则奇妙的小生灵正等待着你开启这段探索与发现的旅程。

除了阅读部分，我们还设计了 50 多个科学任务，为你提供了一个高度互动和全面深入的体验，让你身临其境体味科研的乐趣。这些任务将引导你以最简单的观察记录为起点，逐步进阶，使你学会提出问题，收集数据，开展实验，分析结果，并鼓励你通过设计、写作和绘画来创作自己的作品集，撰写项目建议书，制作纪录片，将你的科研项目完美地呈现出来，记录你的科学探索之旅，见证你的才华和创造力。

为了让同学们更好地理解和完成任务单，我们邀请了国内众多一线科学和生物教师录制了 30 节视频课程作为辅助。

同时，我们在这套书中介绍了 8 个全国性的科学挑战活动。本书后两册任务单进阶逻辑与这些挑战活动有很强的关系。这符合国家教育政策中培养创新型人才和科学家的目标，且有助于培养青少年的团队合作能力和交流技巧，可以在学习中建立更多的人际关系，从而辅助你走好未来科学领域里的每一步。

最后，我们想说，学习科学不仅仅是一项任务，更是一场充满乐趣和挑战的冒险。愿这套书能够陪伴你们度过一段令人兴奋的旅程.

希望你们在阅读这套书后，面对充满未知的世界，能够获取进入科学世界的敲门砖和金钥匙；能够像探险家一样勇往直前，像科学家一样不断探索，像思考者一样锤炼自己的思维，成为真正的未来之星！

大山楂丸船长

2022 年 10 月

目录

第一章
屋里屋外 房前屋后　　002

以饭为名：水稻……………007

神奇的东方树叶：茶………010

薛定谔的猫…………………014

"送红包"的蚊子……………019

名词解释……………………022

第二章
电商超市 农贸市场　　024

当家菜：白菜………………028

"果中王后"：荔枝…………032

聪明的章鱼…………………036

餐桌美食小龙虾……………042

名词解释……………………046

第三章
乡间小路 马路道旁　　050

无花名分胜名花：蒲公英 …………054
独木成林：榕树 ……………………059
大自然的"清道夫"：乌鸦 …………062
会飞的哺乳动物：蝙蝠 ……………066
名词解释 ……………………………070

第四章
林荫树下 快乐校园　　074

植物王国的"小矮人"：苔藓 ………078
攀爬的智慧：爬山虎 ………………083
被达尔文称为最有价值的生物：蚯蚓 ……086
断尾求生：壁虎 ……………………090
名词解释 ……………………………094

第五章
田野山林 城市公园　　098

"痒痒树"真的会痒吗？ ……………102
药食同源话紫苏 ……………………107
"东方宝石"：朱鹮 …………………110
囊萤照书：萤火虫 …………………114
名词解释 ……………………………118

通过科学之眼,

我们看到生物学之美。

借助艺术之手,

我们描摹生命之复杂。

从微小的细胞到参天巨树,

自然导演了一场生命的华丽舞剧,

我们欣赏着生物的奇迹,

在每一个角落,

寻找生命拥抱的证据。

生物之旅,启航。

第一章

屋里屋外
房前屋后

007　以饭为名：水稻

010　神奇的东方树叶：茶

014　薛定谔的猫

019　"送红包"的蚊子

022　名词解释

"旧时王谢堂前燕,飞入寻常百姓家。"这是唐代诗人刘禹锡在《乌衣巷》中写下的诗句,描绘出了房前屋后人与燕子共同生活的场景。

屋里屋外,房前屋后,生物朋友可真不少。在书桌前,沏上一壶春茶,打开一本书,厨房里米饭冒出香气,猫咪窝在脚边。如果在夏天,还总会听到蚊子的嗡嗡声。生物无处不在,你注意到它们了吗?

可以试试为特别熟悉的生物伙伴制作一张观察记录卡,研究研究它们从哪里来,是怎样长大的。读一读与它们相关的故事,你也许就会发现,再平凡不过的生物,背后也藏着许多不被注意的小秘密。

以饭为名：水稻

指导老师：王思宇（中国人民大学附属小学）　　作者：杨淳惠（中国人民大学附属小学）

这是一种和我们生活息息相关的植物。

我们中国人在一万多年前就已经发现了它，并且在七千多年前，就已经开始广泛地种植这种植物。当它从那叶子筑成的"房子"里被摘下来时，它身上穿着"黄袍"，脱了"黄袍"后，那白胖胖的样子简直让人喜爱。

这种植物有两个品种：一个又瘦又高，一个又胖又矮。它们是"堂兄弟"，都很喜欢喝水。不仅它们喜欢喝水，它们的"房子"也需要有水来滋润，要不然的话，"房顶"会变得又干又皱，一点儿也不好看。

两个"堂兄弟"一个"生活"在南方，一个"生活"在北方，所以如果没有人工的运输它们是不能"相见"的。但是如果有人把它们一起运往北京或者中部的城市的话，那它们就能"相见"了，只不过那时候它们可能已经被装袋了。

很久以前，也就是在七千多年前的时候，我们的祖先，那些种植这种植物的人，最喜欢在漫天繁星的晚上坐在它的旁边，一边感受晚风，一边开心地吹着用鸟腿骨做成的笛子。

后来它开始移民到其他地方，从陆地上到达越南、泰国、印尼、印度等国家，同时，它也开心地"跨海"了，日本是它第一个跨过海洋到达的国家。后来，它去的国家越来越远，都需要"跨海"，但它没有停下脚步，继续到达了美洲、欧洲、澳洲、非洲等。也不知道为什么它这样神奇，到达的每个国家的人都开始频繁种植这种植物，而且也十分喜爱它。

你们知道它是什么吗？它就是"以饭为名"的水稻。

以饭为名：水稻

查找：水稻小档案

水稻，是禾本科稻属的植物。我们常吃的主食米饭就来源于水稻。禾本科还有很多我们熟悉的粮食作物和野草，比如玉米、高粱、狗尾草、牛筋草等。

观察：稻谷、糙米与大米

水稻要成为大米需要经过层层加工。稻谷脱去稻壳后是糙米，这是它真正的果实。而我们常吃的大米，其实是糙米再去除果皮、种皮和胚（部分胚）后的加工成果。

实践：为家人蒸米饭

米饭就是由大米与水混合后蒸熟的食品。你会蒸米饭吗？尝试根据下方的步骤为家人蒸米饭。

第一步，将适量的米用清水淘洗 2—3 遍。淘米水经发酵后可以用来浇花。

第二步，将洗好的大米放入电饭锅，加入没过大米约食指一个关节深的水。通过控制加水量可以调节米饭的软硬程度。

第三步，选择蒸饭档，开始烹饪。

（煮熟的米粒体积会增大到原来的 2 倍，多少米才够一家人食用呢？）

阅读：稻花香里说丰年

古诗词中，有许多描写水稻的文字，最为人们耳熟能详的要数宋代辛弃疾的《西江月·夜行黄沙道中》。

明月别枝惊鹊，清风半夜鸣蝉。稻花香里说丰年，听取蛙声一片。
七八个星天外，两三点雨山前。旧时茅店社林边，路转溪桥忽见。

我有着一个梦：走在田埂上，它同我一般高。我拉着我最亲爱的朋友，坐在稻穗下乘凉。

——袁隆平

五谷之一

我们常用"五谷杂粮"来指代粮食，但五谷究竟是哪五个，现在也没有统一的说法。其中，在《孟子·滕文公上》（汉赵岐注）的记载中，五谷分别是稻、黍、稷、麦、菽，也就是水稻、大黄米、谷子、小麦、大豆。

稻花虽香，丰年更美。其实，在六七十年前，我们的爷爷奶奶一辈是吃不饱饭的，年轻的袁隆平见不得人们饿肚子，决心研究水稻，提高水稻产量。终于在 1970 年，他的团队在海南崖县的红星农场发现一株野生稻雄性不育株①，为他奋力追求的水稻研究提供了至关重要的突破口，并成功培育出三系杂交水稻，改写了世界水稻育种史。袁隆平团队不仅解决了国人的吃饭问题，也解决了世界众多贫困地区的粮食紧缺问题，其中摆脱饥饿的马达加斯加人民为了表示感谢，将水稻的图案印在了货币上。

我国历史上水稻亩产趋势图

感受：梯田之美

我国南方多丘陵地貌，地势和缓但连绵起伏。为了开辟更多稻田，方便灌溉，人们因地制宜，沿着山脊开垦梯田。梯田层层叠叠，错落有致，构成一道别致的美景。

神奇的东方树叶：茶

指导老师：江莎莎（北京市育才学校） 作者：彭嘉皓（北京市育才学校）

茶，一种神奇的东方树叶，一种让古代的外国人非常痴迷的神奇物种。那外国人为什么这么想喝一杯中国茶呢？原因是它不仅可以生津止渴，长期饮之，还可以延年益寿。《神农本草经》里记载："神农尝百草，日遇七十二毒，得茶而解之。"

说起中国的茶文化，深受影响的国家那就是日本。从唐朝到元朝，日本派遣使节和学问僧来我国修行求学，他们从中国带走了茶的种植技术、煮泡技艺和茶道精神。比如，日本有一种常见的饮品——抹茶，就是由我国唐宋时期盛行的一种喝茶方式——点茶而产生的。焚香、点茶、挂画、插花合称为古代"四般闲事"。那什么又叫点茶呢？其实点茶就是将茶叶磨成茶粉，以热水冲泡、搅拌均匀后再饮用。这种冲泡方式也在南宋时期传入日本，被日本贵族和百姓接受并推崇。

除了日本以外，最爱喝茶的当数土耳其人，当地人民的年人均茶叶消费量比我们中国的要多5倍。土耳其人最爱喝的是红茶，在土耳其的大街小巷随处都可见到大大小小的茶摊、茶铺。

除了普通的茶，在中国古代还有各种各样的变种茶，比如，隋唐时期遍布长安城大街小巷的茶品——饮子，也就是凉茶的鼻祖，估计是王老吉的祖师爷吧！它就是用各种配料熬制而成的一种保健饮品，杜甫诗中有云："饮子频通汗，怀君想报珠。"还有一首诗这样写道：

饮子思

举头望明月，低头"吨吨吨"；上早买饮子，排到大夜里。

不好意思，这首诗可不是什么大家写的，估计是哪位的打油诗吧！

茶，不仅是中国的一种饮品，它也代表着中国深厚的文化底蕴，成为中国的一张名片。茶这个东西，确实非常神奇，一枚小小的茶叶，既不能观赏，也不能穿用，却成为全世界从古至今的"网红"，因为它不仅是一枚小小的叶子，还是一种品位的象征，更是一种文化！

神奇的东方树叶：茶

查找：茶的小档案

茶，山茶科山茶属，又称茶树、茗。除了茶，山茶属还有能开漂亮花朵的山茶，种子能榨油的油茶，以及我国一级保护植物金花茶等。

观察：茶之叶

我们通常见到的茶大多是黑黢黢的，那是已经被加工过的成品。在没加工前，茶是绿油油的。

如果你感兴趣，可以找一株茶树，看看它的叶子在加工前后有什么不一样。

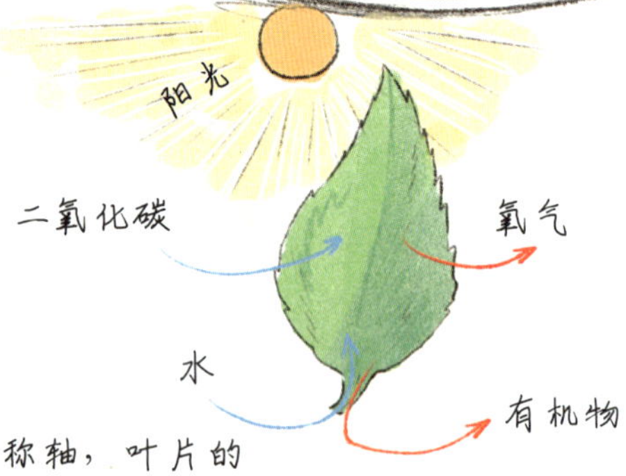

嫩芽，以叶脉为对称轴，叶片的左右两侧向中间卷起，由下方已经舒展的叶子衬托着，被称为"两叶一心"。

利用放大镜观察，嫩叶背后会有许多白色茸毛，这可不是发霉了，这是嫩叶生出的"茶毫"。随着嫩叶的成熟，茶毫会慢慢脱落。但是，有些茶品却有意选用带有茶毫的嫩叶，如白毫银针、洞庭碧螺春、君山银针等。

茶的叶子是两头窄中间宽的长椭圆形，上表面油亮且碧绿，质地略硬，属于革质叶片，边缘具有细密的锯齿。

茶的叶子经过加工就变成了茶叶，根据发酵程度和工艺的不同，茶一般分为绿茶、白茶、黄茶、青茶（乌龙茶）、红茶和黑茶六大类。

感受：茶之味

你了解茶的味道吗？其实不同种类的茶叶有不同的风味和口感，这主要是其中的氨基酸[2]、茶多酚[3]、咖啡因等物质在"作怪"。

实验：茶之色

我们来变一个小魔术：向茶水中加入一小勺硫酸亚铁[4]，摇晃均匀，会发现茶水颜色变成黑色；再向茶水中加入一勺草酸，摇晃均匀，茶水颜色恢复原色。

这是怎么回事呢？

原来，亚铁离子在溶液中易被氧化成铁离子，由于茶水中含有茶多酚，铁离子会和茶多酚反应生成黑色的茶多酚铁。又由于草酸具有还原性，可以将铁离子还原为亚铁离子，于是溶液中的黑色物质就消失了，茶水也恢复了本色。

薛定谔的猫

指导老师：王珊（国家自然博物馆）　作者：冯沐恩（北京市育英学校）

猫是我最喜欢的动物，它们轻巧、优雅、爱干净。我家的猫蹿上高高的衣柜，再蹬踹一脚窗帘，接着落地，敏捷得几乎没有声音；它爱吃肉，但绝不会吃得狼吞虎咽，而是一小口一小口地慢慢吃，还不时地擦擦嘴；阳光下，在阳台的一角总能看到猫咪认真地用舌头仔细地清洁身上的毛发。猫咪好奇心重，喜欢在窗台、房檐上游走。那句话怎么说来的？对，好奇害死猫，就是这个意思。

猫科动物可是个大家族，主要有狯狑属（包括狯狑等）、猎豹属（包括猎豹等）、云豹属（包括云豹等）、豹属（包括虎、狮、美洲豹、雪豹等）和猫属（包括夜猫、黑足猫和各种宠物猫等）。其中实力最强的应该是东北虎了，它们体型健壮，捕食敏捷，被称为"百兽之王"。其次是非洲大草原上的霸主——非洲狮，它们不仅体型大，而且喜欢群体活动，实力自然不容小觑。再往后应该就数豹了，美洲豹、金钱豹、云豹、雪豹、猎豹，都是自然界中的"狠角色"。其实我们印象中的猫，主要说的是那些萌萌的宠物猫，狸花猫、加菲猫、暹罗猫、布偶猫、折耳猫……实在是太多了，让人爱不释手。

另外，还有那神秘的薛定谔的猫。其实"薛定谔的猫"并不是真的猫，而是奥地利著名物理学家薛定谔提出的一个思想实验，是说设想将一只猫装在一个盒子里，里面有一瓶剧毒的氰化物，瓶子上方悬挂着一把锤子，锤子由电子开关控制，开关又由放射性原子控制。如果放射性原子发生衰变，就会触发电子开关，从而使锤子打破装有氰化物的瓶子，释放出剧毒物质，猫就会死；而如果放射性原子没有发生衰变，那么猫就会活。由于放射性原子处于衰变和没有衰变两种状态的叠加，猫就处于死猫和活猫的叠加状态，这只既死又活的猫就是所谓的"薛定谔的猫"。量子理论认为，如果没有揭开盖子进行观察，我们永远也不知道猫是死是活，它将永远处于既死又活的叠加状态，只有在我们揭开盒盖的一瞬间，才能决定猫是死是活。量子力学作为 20 世纪最有突破的科学成就之一，也是最具争议的科学之一，"薛定谔的猫"很好地阐述了这一现状。伟大的物理学家爱因斯坦就说过："上帝不玩骰子,但是量子力学让我们不得不相信,上帝似乎是玩骰子的。"

薛定谔的猫

当我们不确定一件事的结果,我们会说这就像"薛定谔的猫"。它为什么这么有名呢?其实,这是奥地利学者薛定谔提出的一个思想实验:把猫放在一个危险的盒子里,只有打开盒子才知道猫是死是活。这个实验推动了量子力学的发展,也告诉我们,事情到底会怎样,只有做了才知道。

查找:猫咪小档案

耳朵:猫有灵活的三角形双耳。猫的听觉比人类敏锐许多,耳朵也能反映猫咪的心情。

胡须:胡须可以帮助猫咪探测空间距离和确认物体的位置,胡须也能反映出猫咪的心情。

鼻子:猫身上为数不多的几个出汗位置之一。湿漉漉的鼻头能让气味分子更容易附着,使猫的嗅觉更敏锐。

1. 五官与胡须

猫是近视眼,但夜视能力很强,对移动中的物体辨识能力很强,自带"广角镜"。

2. 灵活的椎骨

猫的骨骼清奇,比人类更密更多的椎骨让它们的身体更加灵活与协调;可以自由运动的锁骨连接了肩膀和前肢,只要头能钻过的地方,它们的身体就能通过。

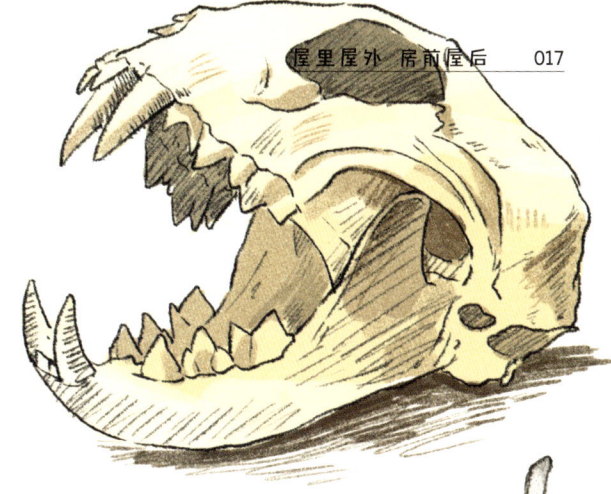

3. 颌骨与牙齿

虽然看上去软萌,但猫可是天然的猎手,它的颌骨非常有力,尖尖的牙齿适于捕杀猎物。

4. 肉垫和爪子

猫的爪子可以伸缩,肉垫有避震和消音的功能。

观察:猫的行为习惯

猫喜欢用气味进行标记,喷尿是在传递某些只有猫才知道的信息。猫舔毛不仅是爱干净的表现,还有缓解压力的作用。猫爱睡觉,一天能睡上13—14小时。

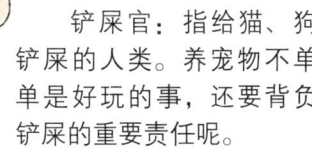

伸开状态

常态

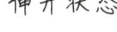

思考:人与伴侣动物

像猫这样被人类驯化,适合家庭饲养的动物被称作伴侣动物。它们与人亲密无间,能给人带来快乐和安慰,是人类的好伙伴。

流浪猫:指无主、在野外流浪的猫。遗弃和走失是流浪猫产生的主要原因。人们呼吁"领养代替购买",也是希望更多流浪猫能有一个家。

铲屎官:指给猫、狗铲屎的人类。养宠物不单单是好玩的事,还要背负铲屎的重要责任呢。

猫砂:猫砂被用来掩埋粪便和尿液。猫砂的使用是猫文化的重要进步。

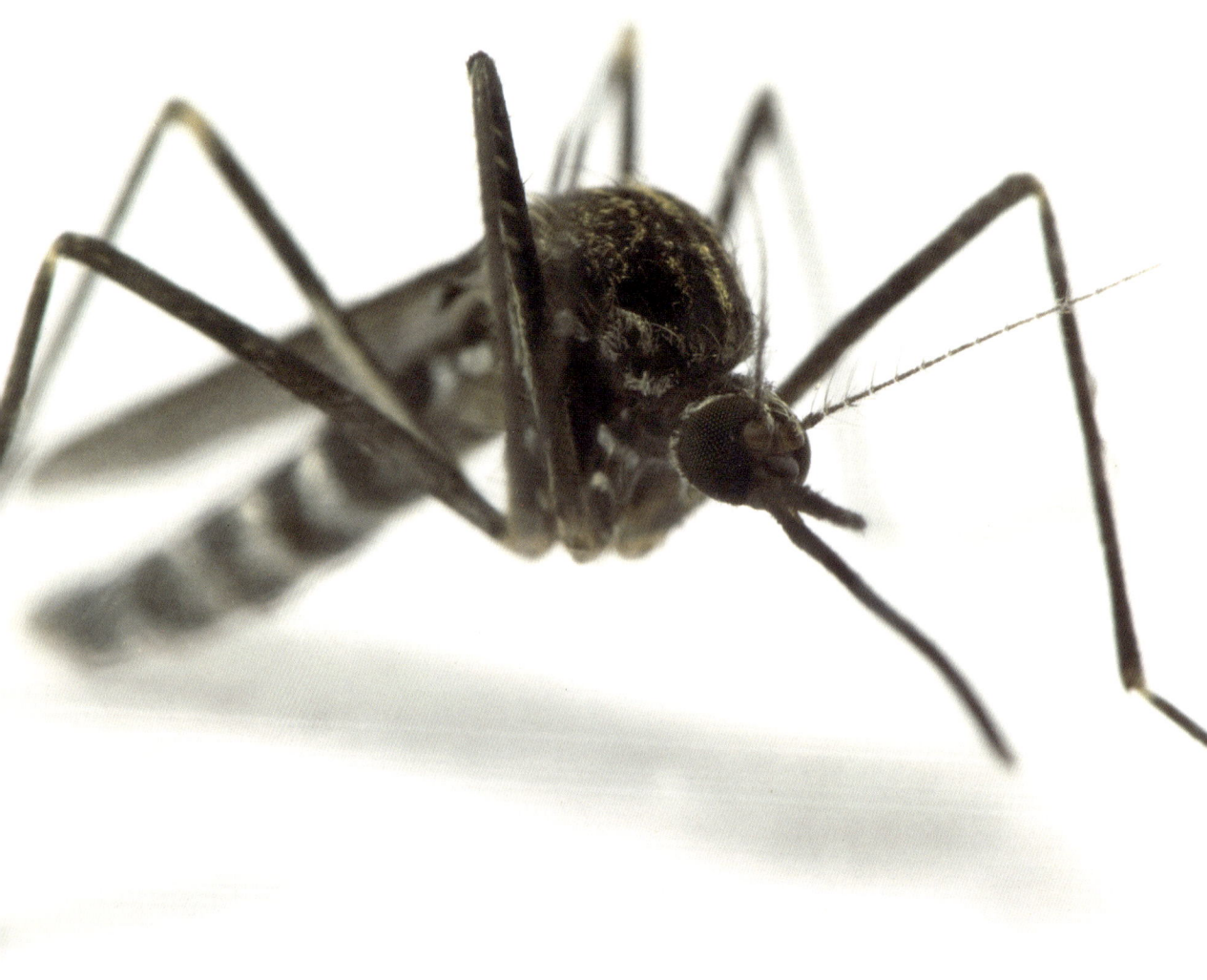

"送红包"的蚊子

指导老师：金荣莹（国家自然博物馆）　作者：张璟然（北京市第一七一中学附属青年湖小学）

在语文课上，老师给我们介绍民国时期作家的文章，里面经常有夏天傍晚支个凉椅躺在四合院的中央，喝着茶，吃着西瓜避暑纳凉的描写。每每这时我都在心中有疑问：太阳下山了，不点蚊香，蚊子不咬他们吗？我爷爷住的小区里有个小花园，太阳落山后，小花园里一个人都没有。爷爷说，因为花园里面没有灯，全是大黑蚊子，咬人可狠了。可如果是这样，民国时期的人就不怕蚊子咬吗？

我问爷爷这个问题，爷爷说好像在他小时候还可以躺在院子里乘凉，在我爸爸出生时期前后，傍晚院子里悠闲地喝茶吃西瓜乘凉的现象就少了很多，即便大家知道开电扇、吹空调没有傍晚的小风舒服，但是太阳一落山，大家就不约而同地回屋了。这难道和时间还有关系？二十年时间蚊子就进化了？进化不是一个长期的过程吗？二十年也不可能啊。

我问奶奶，奶奶说，咬人狠的蚊子都是"进口"的，黑白花儿，飞着没声音，一叮一个包。

我更糊涂了，谁没事"进口"蚊子啊？

算了，还是问我妈吧，她是中学生物老师。我妈听我说完"进口"蚊子的事，乐得都不行了，然后一本正经地对我说："你奶奶说得对！"

这蚊子还真是进口的。

妈妈说："这种黑白相间的蚊子叫亚洲虎蚊，是一种原产自东南亚热带森林的蚊子，后来赶上20世纪70年代我国改革开放，随着货轮来到中国。它们携带大量病毒，所以叮咬皮肤后，对皮肤造成的伤害更大。亚洲虎蚊的繁殖能力很强，我们无法有效减少它们的数量，所以，大家也就渐渐地开始减少户外纳凉的时间和习惯了。"

妈妈和我讲完后，不知道为什么我脑子里面冒出科幻小说《三体》中的一句话："人类科技领先虫子，但是虫子从来就没有被真正战胜过。"这也许就是大自然对我们生活的改变吧。

"送红包"的蚊子

查找：蚊子小档案

蚊属于双翅目蚊科，又称蚊子。蚊子有3个重要的属：按蚊属、库蚊属、伊蚊属。

按蚊属
翅膀上有灰黑相间的斑点。

库蚊属
多黄棕色，翅上无斑点。

伊蚊属雌蚊

复眼
刚毛
口针
触须

下颚
上颚
舌
下唇
分泌麻醉剂和凝血剂
撑开伤口

下颚
锯刺皮肤
上颚
切割皮肤
上唇
吸血

前腿　中腿　后腿

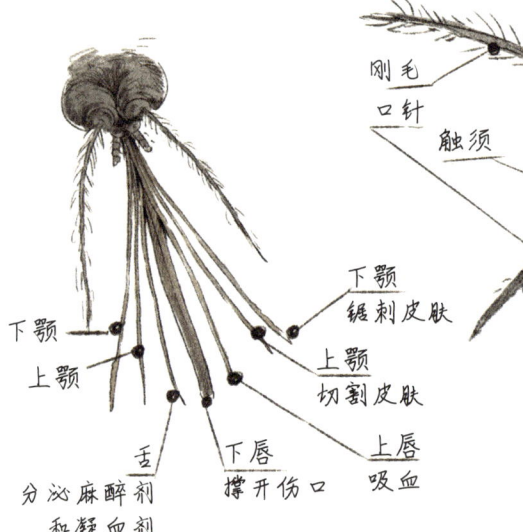

触须
触须与雌蚊不同，雄蚊的触须有环毛，像刷子。

库蚊属雄蚊

探究："送红包"的"武器"

雄蚊口器很短，也就是嘴短，是吸不了血的。雌蚊长长的嘴却能刺入动物组织吸取血液。别看它的嘴特别细，结构很是复杂，可分上颚、下颚、下唇等，有负责夹住皮肤的，有负责支持口器的，有释放凝血剂的，这些都是吸血的"秘密武器"。

我们雄蚊都是吸花露的仙子，才不吸血呢！

喙
下颚须
触须

雄蚊是吃素的，它不仅吃植物的花蜜，还可以食用果实、茎、叶里的汁液。其实，未交配的雌蚊也是可以吃素的，吸血是为了让肚子里的蚊宝宝能健康成长。

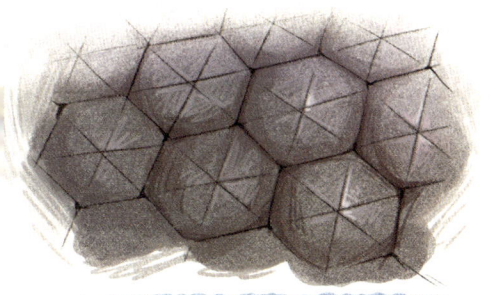

观察：奇特的复眼

你敢想象耳边嗡嗡叫的蚊子正用近 600 只眼睛盯着你吗？其实，蚊子的眼睛是由众多六边形小眼组成的复眼。

探究：为什么耳边总是嗡嗡叫

蚊子通过感应人呼出的二氧化碳和热量来找人，所以它总是绕着你的脑袋飞来飞去，而它翅膀震动空气的嗡嗡声又无法掩盖自己的行踪。也许，下次可以试试用憋气来摆脱蚊子。

不同种类的蚊卵可能产在水域不同的位置。

蚊子的幼虫称为孑孓，库蚊的孑孓用呼吸管呼吸。

蚊蛹不摄食，但可在水中游动，靠背部第一对呼吸角呼吸。

观察：生活史

蚊的生活史分为卵、幼虫、蛹和成虫四个时期，是完全变态发育。在成为成虫前，它们都生活在水里。

阅读：对抗疟疾的诺奖得主

蚊虫叮咬有时会传播疾病，比如疟疾、登革热、丝虫病等。2015 年，屠呦呦为"对抗疟疾 守护生命"作出巨大贡献，和另外两位科学家共同获得诺贝尔生理学或医学奖。

我们雌蚊只有在吸血后才能使卵巢发育。

思考：防蚊小技巧

小课题：有哪些方法可以预防蚊子叮咬呢？

名词解释

① 野生稻雄性不育株

在了解"野生稻雄性不育株"之前，我们先了解一下为什么要培育"杂交水稻"。水稻是自花授粉植物，它的雌雄配子源于同一植株或同一花朵，通俗来讲就是兄妹结婚，然后繁殖后代。我们都知道，近亲结合的后代是没有活力的，且容易生病，植物也是如此，所以自古以来普通水稻的产量一直很低，且容易受到自然灾害的影响。

你可能会说，不让它们近亲繁殖不就好了？此事说起来简单，做起来却特别困难，因为稻花小而密，单靠人工去除雄蕊不现实，于是有人提出找"雄性不育株"来杂交水稻。所谓"雄性不育株"就是指雄蕊没有花粉，但雌蕊正常的水稻。它们无法靠自花授粉产生后代，却可以接受其他水稻雄性花蕊的花粉，这样一来，就可以解决近亲繁殖的问题。起初袁隆平找的就是这类水稻，他还在"雄性不育株"的基础上加上了"野生稻"的条件。为何要找野生稻呢？因为水稻是被驯化的粮食作物，在人类长久的照料下，它们缺乏抵御自然灾害的能力，环境稍微变化就容易大面积减产。而野生稻在没有人为保护的情况下，却能经受住几万年的自然摧残，进化出了抗虫、抗旱等优秀基因，让它们与普通水稻结合，产量会更高，所以袁隆平要找"野生稻雄性不育株"。

但是在自然环境中，"野生稻雄性不育株"是极少的。1961年，袁隆平在稻田中发现一株异常高大的水稻，颗粒饱满且产量极高，他猜测这是一株"杂交水稻"。之后他苦寻3年，找到6株雄性不育稻株，但因亲缘关系近的特点，培育后的产量远远低于最早发现的那株。终于在1970年，袁隆平团队在海南崖县的红星农场发现一株"野生稻雄性不育株"，为他奋力追求的水稻研究提供了至关重要的突破口，并成功培育出三系杂交水稻。袁隆平的杂交水稻不仅解决了国人的吃饭问题，还改写了世界水稻育种史。

② **氨基酸**

氨基酸是含有碱性氨基和酸性羧基的有机化合物,在生命体内物质代谢调控、信息传递方面扮演着重要角色。众所周知,蛋白质是生命的物质基础,没有蛋白质就没有生命。而构成蛋白质的物质基础就是氨基酸。我们身体中的每一个细胞都有氨基酸的参与,可以说氨基酸是生命的起源。

氨基酸的作用是强大的,不仅可以为我们的身体提供能量,还可以提高免疫力、调节消化、调理情绪、提高代谢等。因此,为了身体的强健,我们要多食用鸡蛋、鱼类、瘦肉等氨基酸含量高的食物。

③ **茶多酚**

茶多酚是茶叶中多酚类物质的总称。看似清淡的茶水中其实含有大量的茶多酚。茶多酚具有很强的抗氧化性,可以抗衰老;它对重金属有较强的吸附作用,可以排毒;它也可以增强脂肪的分解,有减肥功效;它还有抗菌作用,对多种细菌、真菌等有明显的抑制能力。总之,茶叶中的茶多酚对我们的身体有很多好处。

④ **硫酸亚铁**

硫酸亚铁($FeSO_4$)是一种无机物,外观为白色粉末,无气味,在常温下其结晶水合物为浅绿色晶体,俗称"绿矾"。

硫酸亚铁的用途很多,它可用作污水处理剂,除去水中的杂质,抑制细菌生长;还可以用作染料,给纺织品染色,赋予它们美丽的外观。但是,硫酸亚铁对呼吸道有一定的刺激性,可能会引起咳嗽,所以实验中小朋友们一定要戴好口罩。

第二章

电商超市农贸市场

028　当家菜：白菜

032　"果中王后"：荔枝

036　聪明的章鱼

042　餐桌美食小龙虾

046　名词解释

  开门七件事,柴、米、油、盐、酱、醋、茶,这些组成了老百姓的日常生活,也蕴藏着中国历史悠久的传统文化。

  从农贸市场到电商超市,人们的习惯或许发生了些许改变,但生活的样态一直都在。市场是一个地方的文化符号,是人们了解当地饮食、风俗、文化最快捷的打开方式。和家长一起去逛逛菜市场吧,那里有五颜六色的蔬菜、鲜脆水灵的水果、活蹦乱跳的鱼虾……它们是大自然创作的神来之笔,也是人间最美好的烟火气。如果有兴趣,你可以对着感兴趣的食材,查一查它的特性,绘制一幅能够展现其各个部分的科学绘画。做好笔记,给其他人讲一讲你的发现。

当家菜：白菜

指导老师：陈宏程（北京市育才学校）

作者：李琢如（北京第一六一中学附属小学）、张尔轩（北京市育才学校）

老话说得好：百菜不如白菜。这句话道出了中国老百姓对白菜这种蔬菜的喜爱，以及白菜在蔬菜王国中的地位。我们来认识这种很常见且普通的蔬菜吧。

大白菜俗称白菜，是我国北方主要的蔬菜作物之一。古时候是没有大白菜的，最初的十字花科蔬菜只有萝卜和芜菁之类的植物。科学家们经过反复的考证和研究才推断大白菜的原始类型大约产生于公元7世纪以前。大白菜最早是在江浙一带培育成功的，到了明末清初大白菜在河北省栽培后，才迅速向全国各地发展的。白菜含有蛋白质、脂肪、多种维生素、钙和磷等矿物质以及大量粗纤维，用于炖、炒、熘、拌以及做馅、配菜都可以。特别是白菜含较多维生素，与肉类同食，既可增添肉的鲜味，又可减少肉中的亚硝酸盐类物质，减少致癌物质亚硝酸胺的产生。正如俗语说的："肉中就数猪肉美，菜里唯有白菜鲜。"白菜除供熟食之外，还可以加工为菜干或制成腌制品，例如河北的"京冬菜"以及东北的酸菜就是用白菜制作而成的。

古时候，人们称白菜为"菘"。最早的记载见于西晋张勃编撰的史书《吴录》："陆逊催人种豆、菘。"这个时候的白菜和我们现代的白菜外形差异还很大。食疗家孟诜就在他的《食疗本草》中有过记述："菘菜，治消渴，和羊肉甚美，其冬月作菹，煮作羹食之，能消宿食，下气治嗽。"不但说其味美，还发现了它的食疗功效。文人雅士对白菜更是极为推崇,唐代诗人曾写下"晚菘细切肥牛肚,新笋初尝嫩马蹄"的佳句盛赞"菘、笋"之味美,刘禹锡也有诗云:"只恐鸣驺催上道,不容待得晚菘尝。"他竟然把未能吃到晚秋的菘菜当作一种遗憾。可见古人这"春初早韭,秋末晚菘"的说法,的确非妄言也。

直到今日,白菜仍然是百姓餐桌上常见的原料之一。用白菜命名的美味佳肴中,最有名的当数"乾隆白菜"了。不但在中国,即使在国外白菜也扮演着重要的角色,比如受大家喜欢的韩国泡菜之辣白菜。因此了解和认识这种蔬菜很有意思,也很有意义。

当家菜：白菜

查找：白菜小档案

白菜是十字花科芸薹属的植物，又称大白菜。十字花科还有许多我们熟悉的蔬菜或园艺花卉，如结球甘蓝（圆白菜）、萝卜、诸葛菜（二月兰）、紫罗兰等。

- 4 片花瓣
- 4 枚绿色的萼片
- 6 枚雄蕊 4 长 2 短

4 片花瓣两两相对，像"十"字，这是十字花科命名的奥秘所在。

诸葛菜

荠菜

春天的草坪里还可以见到开紫色花的诸葛菜、开白色小花的荠菜，仔细对比一下它们花的结构，是不是与白菜花一样呢？

观察：白菜二年生

从发芽到枯萎，白菜需要两年才能完成它的生命周期，是二年生①植物。不过，农民伯伯种植白菜不需要等到它们开花，大概三个月就可以收获了。

实践：尝试腌制酸菜

最初制作酸菜是为了在没有冰箱的年代延长蔬菜的保存期限。现在，酸菜已成为我们餐桌上常见的调味品及佐餐小菜，在东北，它还是重要的主菜。

1. 选用长圆形紧实无坏叶的白菜，晾晒两天，剥掉最外层的叶子后冲洗干净。

2. 纵向切一刀，将白菜对半掰开。

3. 烧一锅开水，将白菜微汆烫半分钟即可捞出沥干水分。

4. 将处理好的白菜码放在玻璃或陶瓷的容器里。每码放一层白菜，都要撒一些盐。

5. 码放整齐后，用重物压在上面。

6. 静置半天，加入凉白开水，没过白菜。

7. 密封，放在5-15℃的阴凉处发酵一个月左右。

阅读：今日白菜古时菘

白菜原产于我国，起源于西周到南北朝时期，古人称为"菘"，认为白菜在冬天也不会变得蔫巴巴，像松树一样有气节。大白菜、小白菜等各种各样的白菜都是"菘"。

白菜家族

实验：变红的白菜叶

将白菜叶白色的叶柄放入混合了红墨水的水中，过一会儿就会发现白菜的叶片变红了。那么，红墨水是怎么运输至叶片内的呢？

"果中王后"：荔枝

指导老师：林琼（广州市黄埔区教育研究院实验小学）
作者：杜若昕（广州市越秀区东山培正小学）

"日啖荔枝三百颗，不辞长作岭南人。"入夏以来，有"果中王后"之称的荔枝飘香十里。荔枝古名"离支"，意为离枝即食。它白嫩肉厚的外表，配上清爽鲜甜的口感，自古以来作为岭南水果的上品，不仅征服了"吃货"苏东坡，也让无数人为之倾倒。

作为广州人的我最爱吃荔枝啦！荔枝肉含糖类、维生素B族、维生素C，以及钙、磷、铁、有机酸等营养成分，对人体有很多益处。它可以促进血液循环，预防雀斑，令皮肤更加光滑，提高身体的抗病能力。荔枝果肉中含有丰富的葡萄糖和蔗糖，适当吃点荔枝，可以补充身体能量，也对大脑组织有补养作用。

荔枝的品种也有很多，从农历的三月一直到七月，不同品种的荔枝轮番上阵。它们虽然看上去差不多，但你仔细观察品味就会发现各种妙处，总有一款适合你。

荔枝虽然味美，但是不能贪吃，否则会出现低血糖、上火、"酒驾"这些"后遗症"呢！

分布范围：中国荔枝主要分布于北纬 18°—29°，我生长的广东省种得最多，茂名，广州市郊的从化、增城、花都区及新会，东莞，中山都有栽种。

生长环境：荔枝树喜欢高温高湿的环境，酷爱阳光。开花的时候最好是晴朗温暖而不干热的天气。

品种：

1. 赶最早场的"三月红"

"三月红"在农历三月下旬成熟，是荔枝中最早成熟的品种。它的皮呈淡红色，较厚；肉色黄白，核大；味道酸中带甜，食后会有余渣。

2. 因诗闻名的"妃子笑"

"妃子笑"因杜牧写给杨贵妃的诗而得名，是荔枝中较早熟的品种。它个头稍大，果皮青红；肉色有如白蜡；果肉细嫩，果核小；口感脆爽，微微偏酸。

3. 白糖罐子"白糖罂"

"白糖罂"是荔枝中品质最优良的早熟品种，在五月下旬成熟。形状为心形或圆形，果皮呈鲜红色，且薄；果肉为乳白色，汁多；味道清甜，带有蜜味。

4. 压轴出场的"糯米糍"

"糯米糍"在七月上旬才成熟，是荔枝中最晚熟的品种。它的果形较大，核小肉厚汁多，味道清甜。果皮较为平坦，摸起来不太扎手。

如何挑选出最可口的荔枝呢？我来支招：1.外果皮凹凸不平、纹路深、有点扎手的荔枝，通常都是小核的；2.果形较圆的荔枝核比较小；3.果肩丰满地鼓起的一般品质较好；4.果皮要挑选绿中带红的。

虽然苏轼在诗中说"日啖荔枝三百颗"，但"一颗荔枝三把火"，如果一天真的吃这么多就会出现很多"后遗症"啦！成年人不要超过 10 颗，儿童不要超过 5 颗。空腹也不要吃荔枝，两餐之间吃最合适，最好同时吃一些淀粉类的食物。另外，患有扁桃体炎、咽喉炎、便秘及糖尿病的人也应少吃荔枝。

"果中王后"：荔枝

查找：荔枝小档案

荔枝是无患子科荔枝属的常绿乔木。我国荔枝属植物仅有荔枝一种。荔枝喜欢温暖湿润的环境，主要产地在我国南方。

美味需要离枝即食。

Lychee？荔枝？

阅读：荔枝之名

荔枝的名字最早见于西汉的文献，司马相如《上林赋》中将荔枝写作"离支"，即离枝，表示割去枝丫。古人发现，假如连枝割下，荔枝的保鲜期会加长。

荔枝源自我国，后来传播至世界各地。荔枝的英文名是 Lychee，拉丁文学名 Litchi chinensis Sonn.，正是音译[②]自汉语，就像汉语中的巧克力也是音译自英文 chocolate 一样。

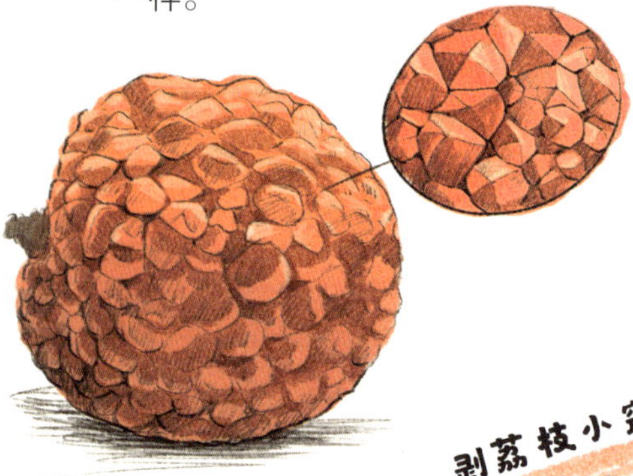

观察：荔枝的果实

荔枝有两层果皮，红色的"盔甲"是外果皮，里面的白色薄膜是内果皮。仔细观察就会发现在"盔甲"上还有一条"拉链"。你知道这条"拉链"有什么用吗？

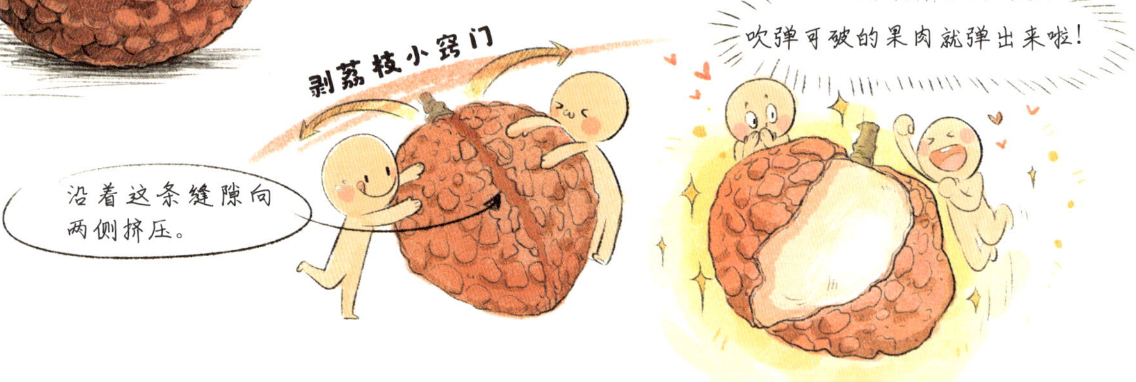

剥荔枝小窍门

沿着这条缝隙向两侧挤压。

吹弹可破的果肉就弹出来啦！

感受：轮番上场的荔枝

不同品种的荔枝，味道和口感各有千秋，成熟的时间也有所不同。从三月到六月，各种各样的荔枝轮番上场，你最喜欢哪一种？

- 因诗闻名的"妃子笑"
- 赶最早场的"三月红"
- 压轴出场的"糯米糍"
- 个头巨大的"荔枝王"
- 酸酸甜甜的"白糖罂"

探究："荔枝病"是怎么回事

如果一次性吃了太多荔枝，可能会出现脸色苍白、冒冷汗、心慌等症状，甚至还可能会有生命危险！这是因为荔枝中含有两种降低血糖的"毒素"，在短时间内会造成人低血糖，也就是俗称的"荔枝病"，医学上称为荔枝急性中毒。

① 挑选成熟荔枝。

② 勿空腹食用。

③ 儿童一次食用不超过5颗，成人不超10颗。

实践：荔枝小盆栽

吃完的荔枝核不要扔掉，进行栽培，可以获得一盆荔枝小盆栽。

① 用清水浸泡种子。记得剔除荔枝核表面的软性组织，每天为它换水。荔枝核也爱干净！

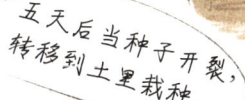

② 五天后当种子开裂，转移到土里栽种。

③ 保持土壤湿润，放到散射光下继续照料。

④ 过不了多久你就会收获一盆幼嫩的荔枝小苗啦！

聪明的章鱼

指导老师：陈宏程（北京市育才学校）
作者：朱振宇（首都师范大学附属小学）

灵长类被认为是最聪明的动物，而在海洋中，有一种生物被称为"海洋里的灵长类"，那就是——章鱼。

为什么说章鱼很聪明呢？

首先，章鱼可以瞬间"变身"。章鱼能在 0.2 秒之内改变皮肤的颜色和质地，从而完全融入背景来隐藏自己。如海藻章鱼（学名：刺断腕蛸）就能在海藻丛中瞬间变成一缕一缕的形态，随着水流拂动，与海藻完美地融为一体。章鱼还能通过模拟其他物种形态来"变形"。如印度尼西亚拟态[3]章鱼可以模拟出海蛇、比目鱼、海星、狮子鱼、珊瑚、鳎鱼等超过 15 种动物；条纹蛸会把 6 条腕足盘在脑袋上，伪装成一个椰子，然后用剩下的两条腕足在海底行走；刺断腕蛸除了留着用于走路的两条腕足外，也会把其余的 6 条腕足高高举起，装扮成一堆在海中用两条腿走路的海草。其次，章鱼有卓越的"智商"。章鱼像人类一样，具有记忆和学习的能力。

例如，章鱼被捉到岸上后，它却从不会搞错海在哪个方向，这很让人惊讶。在水族馆中的章鱼能很快和饲养员混熟，它们像小狗、小猫一样，喜欢吸引主人的注意并与之玩耍，调皮的章鱼还会主动向观众射水逗乐。章鱼还会使用工具。使用工具往往被认为是脊椎动物才会有的行为。目前，已确认至少有 10 种灵长动物、30 种鸟类具有使用工具的能力，少量其他脊椎动物，比如鱼、海豚和大象也会有使用工具的行为。但是，条纹蛸作为无脊椎动物，是第一种确认可以使用工具的海洋软体动物，它们比较常用的工具就是椰子壳。此外，章鱼的学习能力很强。章鱼会观察其他的生物，可独自解决复杂的问题，例如章鱼可以组装废弃的贝壳来为自己建造庇护所，或从被拧紧的玻璃瓶中逃离。

章鱼是如何做到这一切的呢？

我们认为，它们独特的生理结构是实现功能的物质基础。先从变色说起，章鱼的皮肤有三层细胞，最上面的一层是"色素细胞"，中间一层是"虹彩细胞"，最下面还有一层"白色体细胞"。色素细胞中装满了颜色，圆球形，有弹性，它的边缘上一般有 24 条放射状的扩张肌，扩张肌收缩时，色素细胞被拉伸，里面的颜色面积也相应扩大。色素细胞的色彩变化规律是与神经细胞的动作电位规律相吻合的，当章鱼皮肤上的神经元[4]被活化的同时，色彩也会出现波纹状的变化。但色素细胞中的颜色非常有限，只有黑色、褐色、红棕色、橙黄和黄色等，怎么才能实现千变万化的颜色呢？这要依靠色素细胞下面的虹彩细胞。虹彩细胞是一些明亮的节片，可以构成折射和反射光线的棱镜和反光镜，使得光被分成五光十色的光谱。虹彩细胞下方还有一层白色体细胞，细胞内部含有反光蛋白，所以这层细胞能够增强光谱的漫反射。因此，章鱼会利用生理色彩改变适应背景，使自己的花纹和颜色与环境保持一致。其次，章鱼拥有两套记忆系统，一套分布在大脑（占所有神经细胞的 40%），另一套分布在腕足上（占所有神经细胞的 60%）。这样来说，章鱼的腕足也能独立思考。相对于章鱼的体型，它的大脑非常大，约有 5 亿个神经元。最特别的一点是，在章鱼的大脑中，大部分 mRNA（信使核糖核酸）都会被编辑，这种调整被称为"RNA 编辑"。这种能力使得章鱼能够随着环境改变，快速合成以适应环境的功能蛋白质，唯一的代价是章鱼 DNA（脱氧核糖核酸）的进化会变得缓慢，所以章鱼的形态进化也更为保守。证据在于，2009 年 3 月 19 日在黎巴嫩发现的 9500 万年前的章鱼化石中，我们发现远古的章鱼在形态上与现今的章鱼几乎没有改变。

聪明的章鱼

走左边!

查找：章鱼小档案

章鱼，八腕目章鱼科海洋动物的总称，喜欢栖息在海底。虽然名字里有鱼，但章鱼不属于鱼类，而是一种软体动物。

探究：章鱼的奇妙能力

章鱼的全身都分布着色素细胞，使它能够随着环境变化改变自己的颜色，从而让自己"隐身"，这就是章鱼的拟态。另外，它还能够从体管中喷出水流，迅速地向反方向移动。拟态和喷水，是章鱼为了躲避敌人而修炼的"奇妙能力"。

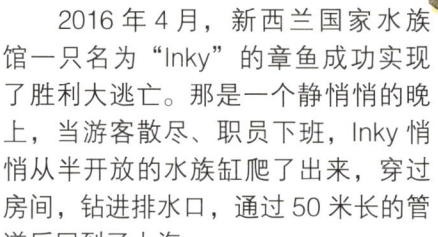

阅读：聪明的章鱼

2016年4月，新西兰国家水族馆一只名为"Inky"的章鱼成功实现了胜利大逃亡。那是一个静悄悄的晚上，当游客散尽、职员下班，Inky悄悄从半开放的水族缸爬了出来，穿过房间，钻进排水口，通过50米长的管道后回到了大海。

不仅如此，聪明的章鱼还可以走迷宫、拧瓶盖、藏在椰子壳里伏击猎物……

让我来!

你猜我有没有看见你?

观察：多功能的8条腕足

章鱼的腕足之所以那么灵活，是因为它的大脑只集中了全身神经元④的40%，剩下的则分布在8条腕足内。腕足有自己的思维，还能与大脑进行信息交流。

不！走右边！

好评！

嘿！搭车吗？

探究：章鱼和鱿鱼的区别

章鱼可以携带自身体重5倍、10倍，甚至20倍的重物行走，是典型的"大力王"。

① 科属不同
章鱼是章鱼科。
鱿鱼是枪乌贼科。

② 外观不同
章鱼的身体是卵圆形的。
鱿鱼的身体更细长。
章鱼身体和头部的界限不明显，鱿鱼身体和头部分界明显。

③ 食物不同
章鱼以甲壳类、浮游生物为食。
鱿鱼则吃一些小型鱼类。

④ 生活环境不同
章鱼为底栖种类，鱿鱼则常生活于浅海中上层。

体长约14cm
步行状态

应用：章鱼机器人

章鱼走路的方式给科学家们提供了不少灵感。哈佛大学研究出能够变形的章鱼机器人，可以在狭小和不规则空间里灵活移动。未来，它们能在医疗、探测等领域大显身手。

餐桌美食小龙虾

指导老师：陈建江（北京市少年宫）　作者：常清源（北京市东城区西中街小学）

头戴坚硬红盔，身披分节铠甲；长长触须不断挥舞，一对大螯威武有力。没错，这就是小龙虾。

去年夏天，妈妈买了小龙虾回家。我真的很喜欢，于是留了几只养在盆里，一有空就去观察它们。小龙虾并非真正的龙虾，学名克氏原螯虾，属于螯虾科。它们特点鲜明：全身暗红色；坚硬的圆筒形头胸部占体长的一半；额前3对触须，最长的一对像京剧武旦头饰上的鸰尾，不停地挥舞着；一对威武的大螯，一旦遇到危险就会高高举起；分节的腹部，共有19对附肢，以及像扇子一样展开的尾节……小龙虾吃什么呢？它们是杂食性动物，我喂它们

吃玉米粉、玉米饼、大豆和水草。它们吃食的样子很有趣，首先会用触须碰一碰食物，再用嘴边的颚足和钳状的胸足抓着食物一把一把往口里塞。哦，原来并不是我想象的那样用大螯拿着食物呀！吃食的时候它的眼睛一只看食物，另一只看其他方向，好像在警戒一样。

小龙虾多数时候很安静，但有时会爬来爬去并且相互打架。有一次，我观察到一只小龙虾向另一只的后侧缓慢靠近，当对方注意到了并准备迎战时，它却停了下来，在原地不断用触须触碰对方。一段时间过后，它突然蹿了起来，身体使劲向前冲，用大螯去夹对方。不一会双方扭打起来，各自举着大螯钳住对方的大螯，其余的足不停地在挥动，直到一方被撞翻到地上，失败者灰溜溜地后退着离开，战斗才算结束。

小龙虾吃起来很鲜美，但它们其实是入侵物种。小龙虾原产于美国东南部，因为生长快速、食性广泛、生性凶猛，对生活水域内的其他动植物有较大危害，2010年被列入我国第二批外来入侵物种名单。大家如果养小龙虾的话，千万不能放生到野生环境里面哟。

查找：小龙虾小档案

克氏原螯虾，螯虾科原螯虾属动物，因为长得很像大龙虾，个儿又小，就有了"小龙虾"的俗名。

幼虾体为块匀的灰色，有时具黑色波纹。

嘤嘤嘤~

小龙虾（克氏原螯虾）

成体长 5.6—11.9 厘米

甲壳上有明显颗粒
额剑有侧棘
（不知道额剑在哪？摸摸它的头顶就能感觉到啦！）

观察：不挑食的小龙虾

小龙虾有很强的抗污染性，即使水质不好也能"野蛮生长"。放在水族箱里能帮你清理青苔和鱼的"便便"。

摄食菜单

水生昆虫或动物尸体

藻类

水草

需要水缸清洁工吗？
包吃就行！

蒜蓉小龙虾

爆炒虾尾

香辣小龙虾

感受：虾之味

夏天一到，小龙虾就会成为餐桌上的"明星"。五香麻辣十三香、椒盐蒜蓉咸蛋黄……种种味道，万千滋味，或许这就是大家都爱它的原因吧！

卤小龙虾

探究：小龙虾有毒？

食用小龙虾，可能有以下风险：

清洗小龙虾时用到的"洗虾粉"属于食品添加剂⑤，需要注意安全用量。如果过度使用，其中的化学成分可能会使人患上横纹肌溶解综合征⑥，甚至突发急性肾衰竭。

或许是因为小龙虾什么都吃，所以人们总是担心小龙虾体内会有过多的微生物和寄生虫。其实大家可以不用担心这件事，只要完全煮熟，小龙虾体内的寄生虫就会被杀死，可以放心享用。

重金属⑦超标的问题比较值得注意。如果小龙虾生活在污染较为严重的环境里，体内的重金属"镉"含量就会较多，进而危害人体健康。所以，我们需要擦亮眼睛，从正规渠道购买小龙虾。

身体暗红色，甲壳部分近黑色，腹部背面有一楔形条纹。

趣谈：自愈术

很多小龙虾的螯足一大一小，难道是它营养不够，所以发育不完全？其实，这是小龙虾的逃生秘诀。如果受到攻击，它就会丢掉一只螯足逃跑，反正之后还会长出新的来。

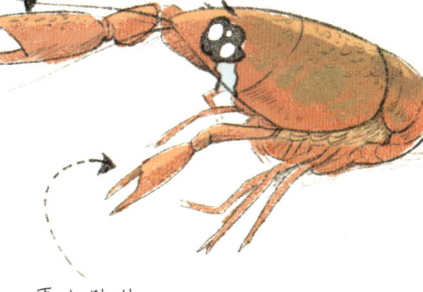

只有虾虾受伤的世界

原始肢体

再生肢体

小龙虾还有很多习性，比如好斗、会挖洞等。有兴趣的读者也可以再深入了解，为你的疑问寻找答案。

名词解释

① 二年生

发芽—成长—开花—结果—死亡，这是植物的生命周期。如果这个周期为一年，就是一年生植物，比如水稻、小麦、南瓜、玉米等常见的农作物；如果是两年，则是二年生植物。二年生植物通常耐寒能力比较强，这使它们能够安然度过冬季。当生命周期超过了两年，则被称为多年生植物，包括所有的木本植物和部分草本植物。一年生植物和二年生植物一生中只会开一次花、结一次果，而多年生植物大多数每年都会开花结果。

② 音译

不同国家之间在进行商品贸易、文化交流时，需要对语言进行翻译才能顺畅地沟通。大部分翻译可以根据词语的含义来，比如"water"就是中文里的"水"。但也有许多东西人们是第一次见，找不到合适的意思对照着翻译，就会用与它发音相同或相近的语音来表示，这就是音译。中国的荔枝、豆腐、功夫，之前外国人没有见过，所以将其音译成 lychee、tofu、kungfu。而巧克力、沙发、咖啡则来自外国，是中文对 chocolate、sofa 和 coffee 的音译。你还知道有哪些词是音译过来的吗？

③ 拟态

拟态，指的是一种生物在形态、行为等特征上模拟另一种生物的生态适应现象，是动物在自然界长期演化中形成的特殊行为，最典型的例子就是模仿兰花的兰花螳螂。通过这种精明的骗术，生物可以躲避敌人，或是更好地接近猎物。本章提到的章鱼就是顶级的伪装高手，因为它可以自如地变换自己的颜色和形状，所以无论是海底的珊瑚和水草，还是游动的海蛇和比目鱼，它都能任意变化，几乎看不出破绽。

④ **神经元**

神经元是神经系统最基本的结构和功能单位，能够接受刺激，整合并向大脑传输信息。大体来说，神经元多的物种会更聪明，因为这代表它需要，也能够处理更多的信息。章鱼作为最聪明的无脊椎动物，拥有的神经元也最多，大约有5亿个，这个数量已经超过了大多数哺乳动物。

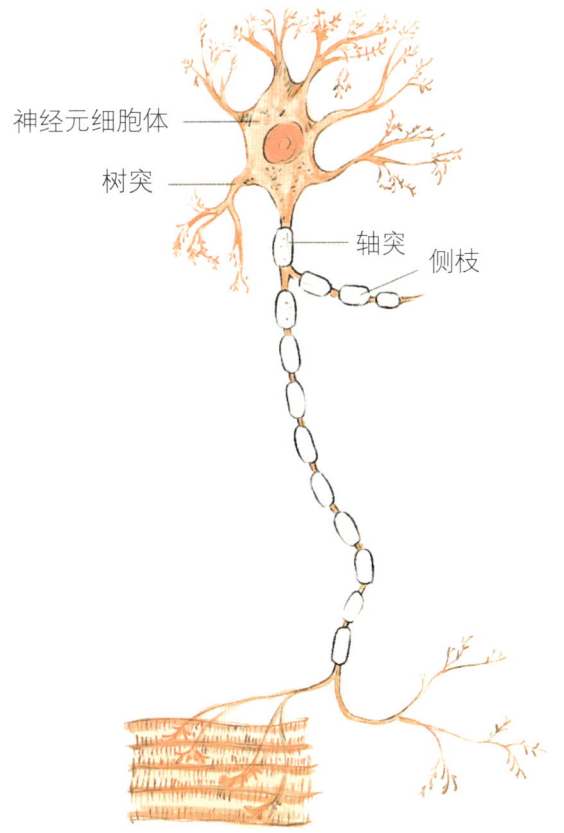

神经元的结构

⑤ 食品添加剂

食品添加剂是指为改善食品品质和色、香、味，以及为防腐和加工工艺的需要而加入食品中的化学合成物质或天然物质，目前在食品工业中起着重要的作用。如果你观察一下身边食品背后的标签，就会发现它们几乎随处可见。酱油中的苯甲酸钠、果酱里的山梨酸钾，是常见的防腐剂；酸奶中的果胶、果汁中的黄原胶，是常见的增稠剂；口香糖里的木糖醇、饮料中的阿斯巴甜，是常见的甜味剂。用来清洗小龙虾的洗虾粉，主要成分是焦亚硫酸钠和草酸，用于防腐和漂白。虽然大部分食品添加剂都是化学物质，但也不必"谈之色变"，只要在合理的范围内使用，它们就是安全的，能给我们的生活提供便利、带来益处。

⑥ 横纹肌溶解综合征

横纹肌溶解综合征是一类临床综合征。它表现为肌肉疼痛、肿胀、无力；出现酱油色的尿以及全身不适、头晕、恶心、呕吐、意识模糊等症状，通常是因为肌肉损伤，进而使血液和尿液中的肌红蛋白升高导致的。发生横纹肌溶解综合征的患者中有10%—50%会发生急性肾衰竭，一旦发生急性肾衰竭，病死率可高达50%以上。导致横纹肌溶解综合征的原因很多，除了食物中毒以外，还有过量运动、中暑以及肾脏疾病等。

⑦ 重金属

重金属是指密度大于$4.5g/cm^3$的金属，包括金、银、铜、铁、汞、铅、镉等。采矿、废水和废气排放等人类活动，使环境中的汞、镉、铅、铬等有毒的重金属元素增加，污染了自然界的各种生物，最后在人类体内积累放大，难以代谢，危害到身体里的各个器官。我们可以通过减少排放汽车尾气、尽量使用环保材料、多吃含有维生素的蔬菜水果等方式预防和减轻重金属污染对我们的伤害。

第三章

乡间小路 马路道旁

054 无花名分胜名花：蒲公英

059 独木成林：榕树

062 大自然的"清道夫"：乌鸦

066 会飞的哺乳动物：蝙蝠

070 名词解释

"走在乡间的小路上,暮归的老牛是我同伴,蓝天配朵夕阳在胸膛,缤纷的云彩是晚霞的衣裳。"这是一首怀念乡村的歌曲,它在悠扬的旋律里,唱出了一幅炊烟袅袅、悠游自在的乡村田园画卷。

乡间生物种类丰富,今天的城市也一样,转角见到绿,步步是风景。植物、动物和微生物的丰富程度是城市生物多样性的指标,它们装点了城市,给予我们一个鸟语花香的世界。

无论在城里还是乡间,只有与其他生物携手同行,美好家园才可能长久留存。想一想,我们能为"环境卫士们"做些什么呢?除了平日的爱护以外,我们还可以跟着本章的任务单,为身边的植物制作标牌,在锻炼自己的观察、记录、搜索能力的同时,还能让更多人加入了解植物、爱护植物的队伍。

无花名分胜名花：蒲公英

指导老师：张玲玲（上海外国语大学附属普陀实验学校）

作者：陈佳依（上海市静安区第二中心小学）

蒲公英，又叫婆婆丁，适应能力强，对土壤、气候的要求低，因此在我国各个地区基本都有分布。蒲公英一般默默地散落生长在路边、草地、田野、山坡上，人们都熟悉它白色绒球的样子，还有人将那白色的绒球当作蒲公英的花朵。不过这并不正确，实际上，那白色的绒球是蒲公英的果实，这种果实称为瘦果。你能认出蒲公英开花时的样子吗？蒲公英的花朵是什么颜色的？你愿意将它种在花盆里、花园里观赏吗？

春天一到，蒲公英就迫不及待地钻出土壤，绽放出金黄色的大花朵，点缀着草地，分外漂亮。摘下一朵仔细观察，它的花朵可不一般，你可能都数不清它究竟有多少花瓣。其实你看到的每一片金黄色的花瓣都是一朵完整的小花，雨伞状的大花朵就是由一朵朵这样的小花聚合而成。过一阵子，黄色的花朵不见了，取而代之的是一个个白色绒球，蒲公英变成了人们最熟悉的样子，也是小朋友们最喜欢它的时候，摘下一朵小绒球，吹一口气，一个个迷你降落伞带着种子随风散去，直到飞不动了，落到泥土里生根发芽。

蒲公英的叶子细细长长的，还有锯齿。蒲公英有很好的药用价值，用它的叶子泡水喝能起到清热解毒、利尿通淋、抗菌消炎的功效。蒲公英的叶子还可以作为野菜食用，在初春蒲公英还没有长出花苞的时候，将其采回家，洗净后过一遍开水，就可以拌成凉菜或者做成饺子馅。

让我们通过一首现代诗歌《思佳客·蒲公英》来欣赏蒲公英的朴实与美丽：

冷落荒坡依旧发，无花名分胜名花。休言无用低俗贱，宴款高朋色味佳。飘似羽，逸如纱，秋来飞絮赴天涯。献身喜作医人药，无意芳名遍万家。

蒲公英常常受到人们的冷落。虽然没有名花的盛名，但它不在乎自己的名利与荣辱，以顽强的生命力，绽放出胜于名花的艳丽花朵；它四海为家，甘心为治病救人献出自己的身体，真可谓"无花名分胜名花"。

"小伞兵"蒲公英

查找：蒲公英小档案

蒲公英是菊科蒲公英属的多年生草本植物，又名黄花地丁、婆婆丁。野生蒲公英主要分布于中、低海拔地区的山坡、草地、路边、田野、河滩等。

观察：这是一朵花吗？

蒲公英的花看似是一朵一朵的黄色小花，当你将这朵"花"从中间轻轻掰开，用放大镜观察就可以发现这一朵"花"其实是由许多朵细长的、长有一片黄色扁平花瓣的舌状花组成的头状花序。

头状花序

总苞

花托

柱头

舌瓣 花药 花柱 冠毛 子房

探究：什么是花序

有些花爱凑热闹，喜欢一起挤在一个花轴上排排队，这个花轴就叫作"总花轴"，它们一起形成的结构就叫作"花序[1]"。

比如大葱是球状饱满的伞形花序。

杨树是柔软下垂的柔荑花序。

而像玉兰、桃等植物都是一朵花单独着生在茎上，称为单顶花或单生花。

油菜是主轴明显的总状花序。

你咋还能开？

观察：多次绽放的蒲公英

多数植物从花开到花谢只有一次张开合拢的变化，而蒲公英有着"昼开夜合"的现象。它的花序白天张开，傍晚时分向中部收拢，能够多次绽放。等到花序真正凋谢后，蒲公英会孕育出果实。我们熟悉的小绒球就是果实成熟后"绽放"的果序。

思考：种子还是果实

课文《蒲公英的种子》中有这样一句话："我是蒲公英的种子，有一朵毛茸茸的小花。微风轻轻一吹，我离开了亲爱的妈妈。"每朵舌状花的下方是这朵小花的子房，子房受精后发育成果实，所以乘着白色降落伞的并不是种子，而是果实。

阅读：后代传播显高招

植物为了让自己的果实或种子散播到更远更广阔的地方，可谓八仙过海，各显神通。其中主要有4种方式：

1. 靠自身弹射的力量传播，比如凤仙花。 
2. 靠动物或人类活动传播，比如鬼针草。 
3. 靠风力传播，比如龙脑香。 
4. 靠水流传播，比如椰子。

动手制作蒲公英茶

蒲公英全身都是宝，是一种常用的中草药，味道有点苦，但是可以清热解毒、消肿散结。

1. 将少量蒲公英清洗干净后蒸制3—5分钟。  
2. 用一个干净的锅小火进行炒制，直到蒲公英全部干枯萎蔫。
3. 晾干后放到干净容器中保存，饮用时用开水冲泡即可。

注意：脾胃虚寒者、孕妇及婴幼儿不建议饮用哟。

检索：被子植物的第一家族

菊科称得上是被子植物中的第一大家族，这个家族中的植物种类多、分布广，大约有3万种，它们的特征就是头状花序。我们常见的向日葵、苍耳、金盏花，都是菊科植物。

独木成林：榕树

指导老师：林琼（广州市黄埔区教育研究院实验小学）
作者：莫梓晴（广州市黄埔区荔园小学）

榕树，在南方是极其常见的一种树。校园里有它的身影，下课放学后，同学们在它的庇护下嬉戏玩耍；江水两岸有它林立，绿荫下一方石几是街坊们饭后的最佳去处；公园里也必定种上几棵，那是鸟的天堂；还有城市的道路边，它撑着亭亭如盖的树冠，给行人遮阳挡雨……南方的广州虽然一年四季不缺绿植，但人们最爱这独木成林的榕树。

曾听说在孟加拉国的热带雨林中有一株千年大榕树，郁郁葱葱，蔚然成林。4000多条气根落地入土成为支柱根，使得这棵大榕树枝叶连绵。巨大的树冠投影面积竟然有1万多平方米，这得有多大啊！广东江门的"小鸟天堂"也是一个奇观，四周环水的小沙洲上一眼望去就是黑黝黝的榕树，成百上千的鸟儿栖息于这个几十亩的小沙洲上，不受干扰，悠然自得。如果你问这沙洲上有多少棵榕树，那么答案是一棵。榕树如此旺盛的生命力不得不让我再次叹服。我们身边的榕树虽然没有这么巨大，但也是一座座天然的凉亭，是我们休息、乘凉和躲避风雨的好场所。

虽然榕树有诸多好处，但是也有人是不喜欢它的，因为它既开不出美丽的花朵，果实也不美味可口，甚至密密掉落的果子也给环卫工人造成了不少的困扰。它的根系太过发达，一不小心就破坏了地下的管道线路。它的木质结构不够硬朗，不能当作木材。它就像憨憨的大白，一个劲地向天空伸展，让自己变得更强更大来庇护树下的人们。

我喜欢榕树，喜欢它不在烈日里低头，也不在寒风中退让；喜欢它的包容，喜欢它的顽强。我想我们一定可以互相包容缺点、发扬优点、和平共处的。

独木成林的榕树

查找：榕树小档案

榕树是桑科榕属的常绿乔木，在我国华南、西南各省区非常常见。榕属中有许多我们耳熟能详的植物，比如好吃的无花果、叶形独特的菩提树，还有鲁迅先生百草园中与何首乌藤缠在一起的木莲——薜荔等。

观察：独木成林

树冠上垂下的棕色"帘子"，就是榕树大名鼎鼎的气生根，能够帮助榕树呼吸。如果接入地面，还可以支撑榕树生长。

进入土壤中的气生根会分出侧根。

气生根有了养分的供给还会继续生长变粗，远远看上去就像小型的树林一般，这就是神奇的"独木成林"现象。

啊这……我不需要减肥！！

阅读：绞杀现象

除了肩负呼吸和支撑的双重功能，榕树的气生根还有更大的本事。它能够攀附到别的树上，抢夺养分和阳光，并像蟒蛇一样紧紧缠绕包裹，直到这棵大树因为外部的绞杀压迫和内部的营养不足而死亡。这便是"绞杀现象[2]"，是榕树的一种残酷而有效的生存策略。

在"榕属植物家族"中，除了榕树，其他植物也有着各种趣事。

探究：无花之果

榕属植物的拉丁文学名Ficus，意为"无花的果实"。但榕属植物并非没有花，它们的花序被称为隐头花序，花朵被保护在花序之中，所以我们看不见。

我们平时食用的无花果，不完全是果子，而是它软软的肉质花托③以及着生在上面的小花和果实。

趣谈：永远的好朋友

大部分植物传粉，可以借助各种蜂类和蝶类，而榕属植物却有它专门的传粉员——榕小蜂。它们是一对互帮互助、非你不可的好朋友。榕属植物有一种特殊的雌性花——瘿花，它不能结果，是专门为榕小蜂妈妈准备的，用来产卵和孵化后代的完美"育婴房"。

实践：制作木莲豆腐

"何首乌藤和木莲藤缠络着，木莲有莲房一般的果实，何首乌有拥（臃）肿的根。"这句话出自鲁迅先生著名的《从百草园到三味书屋》。这里说的木莲，学名叫薜荔，也是榕属植物的一种。清凉爽滑的木莲豆腐就是用它的果实制作的。

1. 准备木莲子25克，冰水550毫升；
2. 将木莲子装入纱布袋，扎紧袋口，放入水中浸泡3分钟；
3. 将泡好的木莲子连同纱布袋完全没入冰水中揉搓5—6分钟，把木莲子的果胶搓出来；
4. 扔掉木莲子，将揉搓出来的液体过滤一遍，覆上保鲜膜，放入冰箱冷藏5—8小时；
5. 凝固后淋上糖浆就可以食用啦！

大自然的"清道夫":乌鸦

指导老师:张亚(北京师范大学附属中学)　作者:李浥尘(北京第二实验小学)

大家好!我是乌鸦明明。我的全身都是乌黑色的,连脚和腿都是黑色的。我从出生的那一刻起,就被人们认为是不吉利的鸟,总是"哇哇"叫着飞过天空。

虽然我没有美丽的外表,但是,请看看我的名字,爸爸妈妈叫我明明,就是想让我做事光明正大,不要干坏事儿。我觉得内心的善良可比美丽的外表重要多了。

我们被称为不吉利的鸟,主要是因为我们的外形和叫声。不过,要是大家仔细观察,就会发现我们有孝顺的一面。

众所周知,大多数动物是不会在长大后照顾自己的父母的,但我们乌鸦在成年后会反过来照顾自己的父母,就像人类一样,这种行为被称为"乌鸦反哺"。我在成年后,当然不会像其他动物一样放弃父母,自己去环游世界,而是会像祖祖辈辈一样,飞出巢穴去寻找小虫子。

我会学着爸爸妈妈以前喂养我的样子，捉住小虫子后，叼着它飞到树枝间的巢里，将小虫子喂到爸爸妈妈的嘴里。直到爸爸妈妈吃饱以后，我才会给自己找食物。

我听说，人类对我们这种行为非常欣赏。有个叫李时珍的人就在他的书里记录了我们乌鸦反哺的行为："母哺六十日，长则反哺六十日。"还有个叫李密的古人在他的一篇著名文章里称赞我们是"乌鸟私情"，意思是乌鸦有养育母亲的孝心。

有一天，我发现了一只死去的小鼠。多美味的大餐呀！我正要把它带走，突然听到了脚步声。我四下环顾，啊，是一只狐狸！他正盯着我的"食物"，我赶紧俯冲下去抓起了小鼠，飞回了巢里，把食物喂给了妈妈。狐狸也只好走开了。

看，这就是我，一只外表不起眼但充满了孝心的乌鸦。

老师备注："乌鸦反哺"只是民间的一种传说，寄托了人们孝敬长辈的美好希望。

大自然的"清道夫"：乌鸦

查找：乌鸦小档案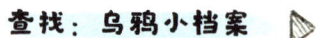

乌鸦是雀形目鸦科鸦属中数种黑色鸟类的俗称，是雀形目中体形最大的一个类群。鸦属约 40 种鸟类几乎遍布全球，在中国常见的有大嘴乌鸦、小嘴乌鸦、秃鼻乌鸦和达乌里寒鸦。

探究：规律进城的小嘴乌鸦

小嘴乌鸦体长 50 厘米左右，黑色体羽表面反射蓝绿色的金属光泽，嘴尖略钩曲，喜欢集群活动。

小嘴乌鸦白天在郊区平原的垃圾填埋场等地觅食，日落后会从四面八方向城区聚集，一群可达几万只。

思考：小嘴乌鸦为什么进城过冬、过夜？

① 乌鸦怕冷，而城市里有高楼挡风，来往的人群和车流也会让它们觉得温暖。所以，在寒冷的冬天和夜晚，它们会成群结队地飞向城区。

② 乌鸦喜欢吃谷物和腐肉，冬季郊外的食物变少，城市内大量裸露的垃圾也会吸引乌鸦进城。

探究：终年居留的大嘴乌鸦

大嘴乌鸦和小嘴乌鸦体型相似，但大嘴乌鸦额头更高，喙更厚且呈拱形。大嘴乌鸦飞行能力强，很机警，不集群活动。

探究：乌鸦之智

很多鸟类学家对乌鸦喝水进行了研究，研究结果大部分都证实乌鸦确实会用石头来让水位升高，使自己喝到水。

乌鸦有如此高的智慧，与其脑容量有关。乌鸦的脑容量占身体体积的比例，接近于灵长类动物中黑猩猩的脑容量占身体体积的比例。

观察：乌鸦不黑

说乌鸦是黑色的其实不太准确，因为它的羽毛上还泛着褐色、蓝色的金属光泽，非常漂亮。

趣谈：鸟类的合作繁殖

"羊跪乳，鸦反哺。"但是乌鸦真的会对自己的亲鸟进行反哺吗？现在还没有科学家证实这一点。不过乌鸦会合作哺育宝宝，由雌雄亲鸟共同哺育的乌鸦宝宝一天会被喂食约100次。

乌鸦的性格其实很可爱，它们喜欢亮晶晶的东西，也喜欢和人类做邻居。它们对人类基本无害，在田野、农村等地方几乎随处可见。

会飞的哺乳动物：蝙蝠

指导老师：张玲玲（上海外国语大学附属普陀实验学校）
作者：杨阅微（上海市普陀区长征中心小学）

说到蝙蝠，人们往往会觉得它是卵生动物，或是一种与众不同的鸟类。事实上并非如此，蝙蝠是世界上唯一一种能飞行的哺乳动物。

蝙蝠是一种历史悠久的哺乳动物，它们是一个庞大的家族，早在3000万年前就生活在地球上。它们是一群飞行高手，能够在狭窄的地方非常敏捷地转身。蝙蝠是唯一能振翅飞翔的哺乳动物，其他像鼯鼠等看似能飞行的哺乳动物，只是靠翼形皮膜在空中滑行。

蝙蝠还有一种特殊的本领——发出声波。声波是一种人类听不见、看不见的东西，可能是因为蝙蝠的眼睛不太好使，所以才有了声波。声波从蝙蝠的嘴中发出，不断扩散直到碰到物体后再反弹回来。这样蝙蝠就能知道这个物体是在移动还是静止不动的。人类受此启发，发明了雷达。

蝙蝠的食物面很广，不同种类的蝙蝠性格也不一样。有些蝙蝠凶猛异常，会吃其他小型蝙蝠、鸟类等；有些蝙蝠较为温顺，以害虫、果实、花粉、花蜜等为食。你可能会认为在电影中看到的吸血蝙蝠并不存在，其实并不是，在这世界上还有一小部分吸血蝙蝠。

蝙蝠还是一个传播"大使"。生活在热带雨林中的部分蝙蝠在吃花蜜和花粉时会把花粉花蜜沾在身上，随后带到其他花中。虽然蝙蝠有很多优点，但是它可不是能随意触碰的哟！因为蝙蝠还是一个病毒储存库，它们中的一部分会携带很多可以致命的病毒。

如此看来，蝙蝠是一种会飞的哺乳动物，还是维持自然生态系统稳定和生物多样性的动物，为我们人类社会和医学都提供了很多有益的启发，所以我们要去保护它们，与它们共同生存。

查找：蝙蝠小档案

蝙蝠属脊索动物门哺乳纲翼手目，是地球上唯一会飞的哺乳动物，昼伏夜出，传统观点将其分为大蝙蝠亚目（食果蝠）和小蝙蝠亚目（食虫蝠），是哺乳动物中仅次于啮齿目动物的第二大类群。

会飞的哺乳动物：蝙蝠

食果蝠视力较好，眼睛大，靠视觉辨认物体。

食虫蝠视力退化，眼睛小，靠声呐辨认物体。

★ 除了南极洲外，所有的大陆都有蝙蝠的身影。

你好像有点委屈？

天生的

观察：蝙蝠的翼

蝙蝠特化[4]出来的翼与鸟的翅膀是不同的。蝙蝠的翼没有羽毛，反而在指骨、后肢、尾部之间长出了轻而薄的翼膜。

翼膜有非常好的弹性与韧性，又因翼的骨骼细长，这样飞行中的蝙蝠不仅可以灵活操纵方向与速度，还可以实现躲闪与俯冲。

因为翼上羽毛的缺失，使它在飞行中无法利用气流更好地抬升自己，所以同鸟类相比蝙蝠一般飞得比较低。

探究：蝙蝠怎么在黑暗中准确飞行？

蝙蝠的口腔或鼻部可以发出人听不见的高频超声波，并由回音来判断障碍物的大小和距离，这是蝙蝠独特的声呐系统，不仅可以让它们在黑暗中飞行，还精确且抗干扰。雷达正是根据蝙蝠的回声定位系统发明的。

雷达

乡间小路 马路道弟　069

想睡个觉可太难了……

趣谈：独特的睡觉姿势

蝙蝠的后腿短小，且被翼膜连住，在地上无法站立或行走，也很难在地面直接起飞，因此大部分蝙蝠选择倒挂在树上睡觉，这样一旦遇到危机能立即下落并展翼飞起。

趣谈：独特的幽暗卧室

大多数蝙蝠是喜欢群居的，尤其偏爱隐蔽的场所，例如山洞、岩缝。其中温度稳定、湿度较大的幽暗洞穴是洞穴型蝙蝠的理想家园。

特殊的洪都拉斯白蝙蝠居住在芭蕉或香蕉树的树叶下。

豪华大套间

邻保小洋房

探究：蝙蝠会传播病毒吗？

蝙蝠是名副其实的自然界"病毒库"。

蝙蝠携带的病毒一般不会主动直接传染给人类，但会通过粪便等形式感染果子狸等其他野生动物，如果人们接触或者食用这些野生动物，便可能感染病毒。

这个锅我不背！

SARS病毒　埃博拉病毒　马尔堡病毒　尼帕病毒　亨德拉病毒　MERS冠状病毒

蝙蝠之所以可以"带毒生存"，是因为它们有高体温以及强大的基因修复能力。

名词解释

① 花序

被子植物的花，有的是一朵花单生于枝的顶端或叶腋处，叫作单生花，如芍药、木兰等。但大多数植物的花会按一定方式有规律地着生在花轴上，这种花在花轴上排列的方式和开放次序称为花序。

花序分为无限花序和有限花序两大类。无限花序的花序轴在开花期内可继续伸长，分为总状花序、穗状花序、柔荑花序、肉穗花序、伞房花序、伞形花序、头状花序、隐头花序、复穗状花序、复伞形花序、复伞房花序几大类型。

有限花序的顶花会先开放，限制了花序轴继续生长，开花的顺序是从上向下或从内向外。薄荷和冬青开花就归在此类。

除了花序以外，叶有叶序，即叶在茎或枝条上排列的方式；叶脉有脉序，即叶脉在叶片上的排列方式。它们都按照一定的规律生长着，一丝不苟，工整而精巧，这就是大自然的美学，天工造物，妙不可言。

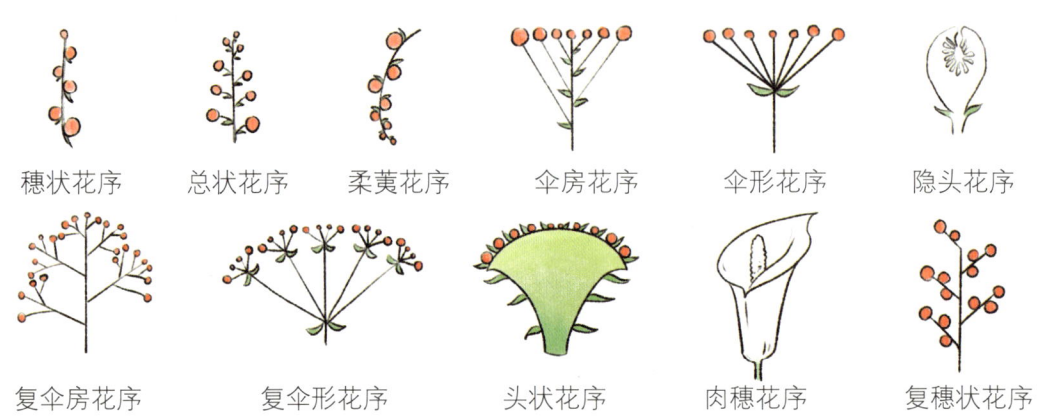

无限花序的常见类型

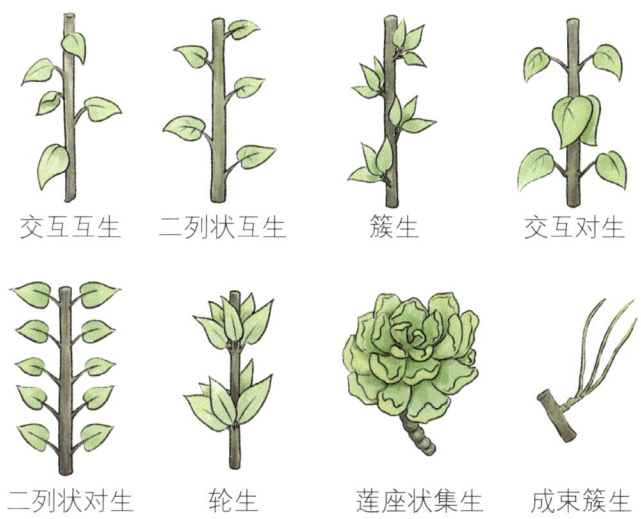

叶序的常见类型

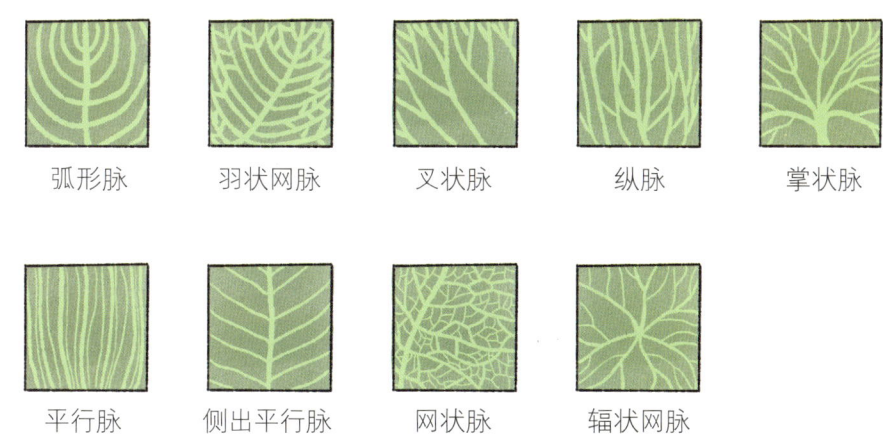

脉序的常见类型

② 绞杀现象

热带雨林郁郁葱葱，草木繁盛、物种众多，是野生动植物的天堂。但你或许没有想到，在这个看似寂静的"天堂"中，反而存在着更为激烈和残酷的生存斗争。热带雨林气温高、湿度大，很适合植物生长，但空间有限，阳光和养分也有限，要想在热带雨林占有一席之地，植物们还得各显身手。它们有的生长出了巨大的叶片，不仅能增大光合作用的面积，还可以为根和茎遮阳保湿，比如芭蕉树；有的为了获得更多的传粉机会、减少能量的消耗，不在枝条上开花结果，而是在粗壮的树干上开花结果，比如波罗蜜。最有威力的莫过于擅长"绞杀"的榕树。当小鸟吃掉榕树的果实，把种子带到其他的乔木上，种子便在树上静静地生根发芽，长出许多气生根来，气生根沿着寄主植物的树干爬到地面，插入土壤中，抢夺寄主植物的养分、水分。等气生根逐渐增粗分枝、交叉融合，织成一张难以逃脱的大网，会紧紧地把寄主树的主干箍住，直至里面的寄主凋零、死亡。

虽然听起来很残酷，但弱肉强食、适者生存是大自然永恒的法则。榕树的生命力极为强大，向下有着夹缝生长的顽强，向上则有穿透房屋的力量，而会被榕树成功绞杀的寄主植物大部分是生命力衰竭的老树或者病树。因此，绞杀现象的存在不单单对榕树有利，还能起到推动热带雨林生态循环，促进生态系统平衡发展的作用。一棵树倒下了，它的营养会流向其他生命，再次焕发。森林也好，海洋也好，死亡与新生从来都是相生相伴，就好比钢琴的黑白键，只有一同奏响，才能谱出和谐又生生不息的生命乐章。

③ 花托

花梗顶端的膨大部分叫作花托。顾名思义，花托"托举"着花朵的其他部分，支撑着花朵，使花朵正常生长。植物种类不同，花托的形状也不一样。无花果的花托是个朝上包起来、呈灯泡形的囊状物，把花轴和花蕊隐藏了起来。玉兰花的花托是圆柱形，桃花的花托则像个杯子。莲的花托为倒圆锥形，也就是我们称为莲蓬的部分。

④ 特化

特化是生物从一般到特殊的进化方式。也就是说，某一物种为了适应独特的生存环境，会将自己的局部器官进行演化，并演化得异常发达，也就是"物竞天择，适者生存"，蝙蝠就是如此。

蝙蝠为了生存，将自己的前肢特化成了翼，变成了会飞的生物。不止有蝙蝠，马的蹄子也经历了特化。远古时期的马有多个脚趾，而如今的马仅有一个脚趾，这样的特化会让马跑起来更快、更便捷。在地球漫长的岁月中，正因为有了"特化"，我们的世界才会呈现出千姿百态的生物多样性。

第四章

林荫树下
快乐校园

078　植物王国的"小矮人"：苔藓

083　攀爬的智慧：爬山虎

086　被达尔文称为最有价值的生物：蚯蚓

090　断尾求生：壁虎

094　名词解释

"白日不到处,青春恰自来。苔花如米小,也学牡丹开。"这是清代诗人袁枚的诗作《苔》。林荫树下,石头缝里,有小小的生灵在努力地生长,诗人观察到了,相信你也注意过。

"池塘边的榕树上,知了在声声叫着夏天。操场边的秋千上,只有蝴蝶停在上面……"《童年》的旋律一响起,轻松、快乐、无忧无虑的童年生活就会浮现在人们眼前。原来在树荫下、校园里这些不被注意的平凡生物,给我们带来过这么多无可替代的欢乐。

植物虽小,但它们的成长可不简单。如果你种植一棵植物,就会发现在养护它的同时,还要注意与其他生物的配合,比如蚯蚓和蜜蜂。照料植物并不像想象中那么简单,但观察它们生根发芽、开枝散叶最后开花结果,一定会是一件很有成就感的事。

植物王国的"小矮人":苔藓

指导老师:白婧(中国人民大学附属小学)　**作者:**韩君昊(中国人民大学附属小学)

在我家不远的一面老墙上,有一大片不起眼的绿色小植物——苔藓。它们长得好快呀!不知啥时还爬上了墙角的破旧木门上。这苔藓或浅绿或墨绿的,站在远处看去还挺像山水画呢!

苔藓是小型的绿色植物。它没有根,也不开花,更不能生成种子,是靠孢子进行繁殖的。它的结构简单,仅包含茎和叶两部分,或只有扁平的叶状体[1],以及仅起固定作用的假根。它体内没有维管束[2],无法长距离地运输养分和水分,因此生长得矮小,一般高 1—3 厘米。

苔藓喜欢潮湿环境，特别不耐干旱，一般生长在裸露的石壁上或潮湿的森林和沼泽地。

别看苔藓非常不起眼，它的作用却很大呢。它可以帮我们辨别方向，几乎没有苔藓的一边是南，南边阳光太强，也太干燥；相反，苔藓多的一边就是北啦！由于苔藓能够迅速密集丛生，吸水能力又强，因此它具有防止水土流失的作用。苔藓有独特的自然美，有着较高的观赏价值，可以用它装饰墙壁或做成各种盆景……

这不，最近我要采集一些苔藓入住我家，便于我对它更进一步观察、观赏。我要和植物王国的"小矮人"——苔藓成为要好的朋友！

植物王国的"小矮人"：苔藓

查找：苔藓小档案

苔藓是一类小型的多细胞绿色高等植物，多生活于潮湿的环境中，世界上约有 23 000 种。苔藓植物没有真根和维管组织的分化，最高的种类也仅有数十厘米高，是名副其实的植物王国的"小矮人"。

观察：寻找身边的苔藓植物

苔藓植物可以分为三类：苔类、藓类和角苔类。

地钱
地钱是常见的苔类，叶状体植物，它们往往大片生长在一起，仿佛一块迷人的翠绿地毯。

葫芦藓
葫芦藓是常见的藓类，茎叶体植物，长柄顶端生有一个葫芦状的结构，远看如豆芽一般。

中华角苔
中华角苔是我国特有的角苔类，它是不太规则的叶状体植物，生有一根根牛角状的长柄。

探究：苔藓为什么长不高

苔藓的结构非常简单，没有真正的根、茎、叶的分化，仅靠配子体提供水分和养料。同时，地上部分也没有运输营养物质的维管束，因此不能够进行长距离的养分运输，自然就长不成其他植物的高个子。

表皮　皮层　中轴　中肋

"茎""叶"横切面

攀爬的智慧：爬山虎

指导老师：崔莹（北京小学）　作者：易炜城（北京小学）

爬山虎又称爬墙虎，它在分类学上属于葡萄目葡萄科地锦属的植物。我家小区的外墙上就密密麻麻生长着许多爬山虎，这些爬山虎的叶子苍翠欲滴，像一个个小手掌趴在墙上，在夏日里为我们遮住了炎炎烈日。

爬山虎除了能降温，还有降噪、美化环境的作用，但我最喜欢的是它身上所具有的攀爬的智慧。

爬山虎是怎样爬到高墙上的呢？我们曾学过《爬山虎的脚》这篇课文，知道它的本领来自独特的"脚"。我又更加细致地进行了观察，我发现，爬山虎的"脚"半绿半红，像蛟龙的爪子，短短的卷须顶端是一个个小小的吸盘。它就是依靠这些吸盘一步一步、慢条斯理地向上爬。我试着轻轻拔一下，"吸盘"纹丝不动，我又使劲试了试，还是稳如泰山。这"吸盘"吸得如此紧啊！

妈妈告诉我，曾经有一位同学还对爬山虎在不同物质表面的攀爬方式进行过深入细致的观察和研究。这位同学选择了六种表面，分别是粗糙塑料板、光滑塑料板、毛玻璃、平面玻璃、木板以及混凝土墙，通过进行实验，她找到了爬山虎如何通过吸盘与物体表面形成凹凸互补结构以获取支持力的攀爬原理，并由此形成了《爬山虎吸盘在几种不同物体表面上吸附的比较研究》这一科技论文，在全国青少年科技创新大赛中获得一等奖。真是太了不起了！今后，我也想通过显微镜对爬山虎的吸盘进行更细致的研究，也许还能从其中寻找到一种具有超强吸附力的高科技的仿生材料，就像蜘蛛侠的蜘蛛丝一样，将来能够造福于人类。

小小的爬山虎代表着大自然的智慧，我不但从它的身上学到了很多本领，还体会到了积极向上的勇气。我今后要多加努力，将这些智慧更好地应用到我们的生活中。

攀爬的智慧：爬山虎

查找：爬山虎小档案

爬山虎是葡萄科地锦属地锦植物的俗称，我们常见的爬山虎多为五叶地锦。

爬山虎能够爬墙的秘密就在它的"脚"。这些"脚"是它的变态茎，称为茎卷须。

观察：爬山虎的"脚"

爬山虎的茎卷须顶端是个略微膨大的晶莹小球，会不断向四周延伸和探寻，一旦遇到墙面，小球便会变大变平，并分泌出黏性物质，像吸盘一样牢牢吸住墙面。

检索：五叶地锦的"兄弟姐妹"

我们身边常见的地锦属植物有4种，除了五叶地锦外，还有三叶地锦、异叶地锦和地锦，它们从叶形上就可以很好区分。

异叶地锦具有两型叶，一种为3片小叶，一种为单叶。

三叶地锦有3片小叶。

地锦则是具有三浅裂的单叶，在较长的枝条上也会有粗锯齿而不裂的叶。

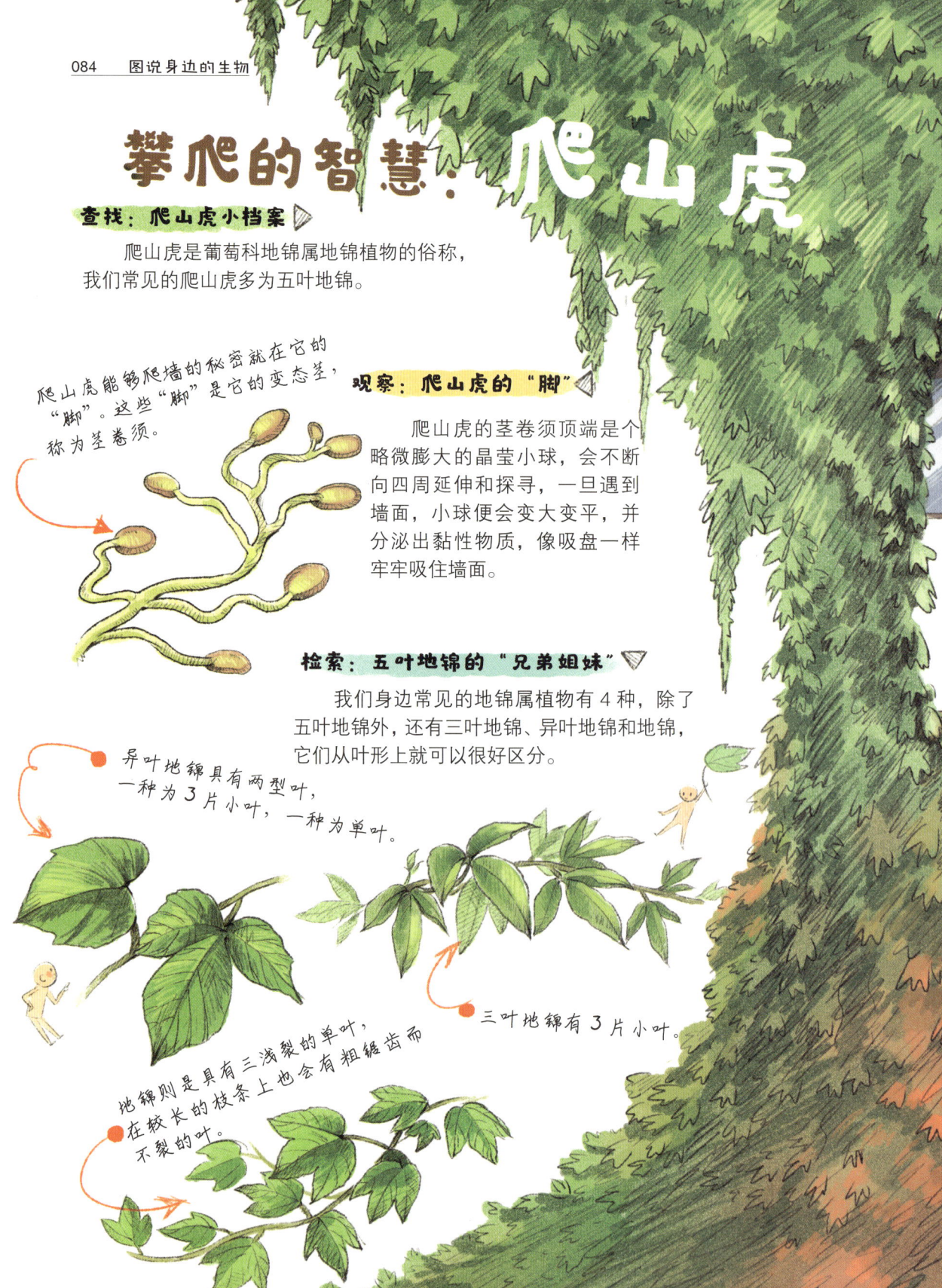

阅读：爬山虎的另一面

爬山虎有很多优点，不仅生长速度快，还特别擅长爬高，是很受欢迎的园林绿化植物，所以我们能在道路坡面、建筑物的外墙上看到成片美丽的爬山虎。

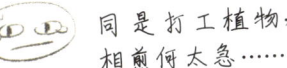
同是打工植物，相煎何太急……

但是，它可能会带来一个严峻的问题：生物入侵。栽种在山路两侧的爬山虎由于其强大的适应力会默默蔓延开来，攀缘上其他植物，争夺着有限的生存空间。

探究：秋日里变红的秘密

秋日，气温的降低与光照的减少，会阻碍叶子中叶绿素[4]的合成，却有利于花青素[5]的合成，又因花青素在酸性的叶片中呈红色，所以叶子就展现出醉人的暖色调了。

探究：脱落有先后

五叶地锦的叶是具有五小叶的掌状复叶，连接茎的结构称为叶轴，叶轴顶端着生小叶。通常情况下，树木的叶子会连同叶轴一起飘落下来，而五叶地锦却是先落叶子，再落叶轴。

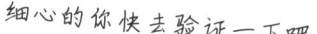
细心的你快去验证一下吧！

思考：攀爬能手还有谁？

我们生活中还有很多藤本植物，比如牵牛花、丝瓜、凌霄等。它们是怎么攀爬的呢？不妨找找资料，或亲眼看一看。

被达尔文称为最有价值的生物：蚯蚓

指导老师：江莎莎（北京市育才学校）　作者：卢家奇（北京市育才学校）

想必大家看到标题之后会十分不解："蚯蚓在生活中随处可见，也没看出有什么特点，我看一点价值都没有，达尔文这个人怎么回事？"别急，听我慢慢道来。

首先我们来了解一下达尔文。

达尔文原名查尔斯·罗伯特·达尔文（Charles Robert Darwin），是英国著名生物学家，进化论的奠基人。

蚯蚓既然会成为生物学家都认可的生物，又怎么会平平无奇呢？下面由我来带大家了解一下这个小生物。

蚯蚓可以入药，有通经活络、活血化瘀等功效。而且它还是农民伯伯的好帮手，它在地下挖洞，就等于帮农民伯伯翻土，使水分和肥料更容易被吸收，有利于植物生长。它还是鸟类和鱼类的饲料，而且它的天敌还有蚂蚁等较多生物，可它凭借那强大的再生能力坚强地活了下来。

最重要的是，蚯蚓的发现使人类对生物的理解与认知都有了一个质的飞跃。因为蚯蚓有一个十分神奇的能力——再生，如果你把蚯蚓从中间切开，过几天就会有两条蚯蚓，这就是再生，与隔壁派大星有异曲同工之妙，因为它们除了样子和居住地以外都快一样了。

说到这里再给大家分享一个小故事：从前有一家蚯蚓，儿子小蚯蚓因为无聊所以把自己切了两半，再生出了另一个自己，两个人一起玩可有意思了。妈妈一个人做家务忙不过来所以用同样的方法再生出了一个助手，一个做饭一个做家务，效率高了一倍。一天小儿子问妈妈："爸爸去哪里了？"妈妈哭着说："你爸爸想踢球可人不够，切了好几刀，没再生出来，没了。"

所以即使强如蚯蚓也不可以乱切，再生是有限制的。

总而言之，蚯蚓对人类贡献巨大，感兴趣的可以做些与它有关的实验，但是一定不要伤害生命哟。我相信只要你认真观察，一定会有所发现，再见！

老师备注：1881年，达尔文发表了《腐殖土产生与蚯蚓的作用》（*The Formation of Vegetable Mould Through the Action of Worms*），论述了地球土壤的形成与蚯蚓的长期劳作有着密不可分的关系。

阅读：生态系统工程师

蚯蚓昼伏夜出，食性庞杂，主食各种腐烂的生物残体和有机质[6]，污水、污泥、生活垃圾都是它们的食物。所以，蚯蚓对土壤肥力、植物生长有着重要影响，被称作"生态系统工程师"。

又是辛勤劳作的一天。

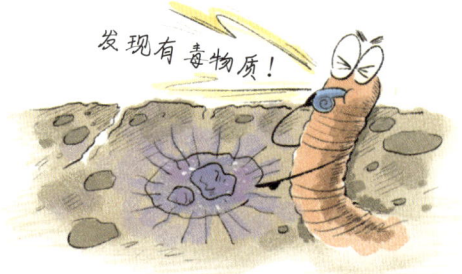

发现有毒物质！

蚯蚓是重要的分解者，虽然分解者[7]不进入食物链，但多种环境污染最后都会影响到它们。因此，蚯蚓能很好地监测土壤和水体的污染状况。

拓展：神奇的蚯蚓生物滤池[8]

蚯蚓生物滤池利用蚯蚓活动通气供氧，使得好氧微生物得以快速净化污水，另外蚯蚓还能取食生物污泥，净化滤池。

小身躯立大功~

土壤里的"清道夫"：蚯蚓

查找：蚯蚓小档案

蚯蚓，环节动物门寡毛纲代表生物，体表有丰富的黏液，可保护其在土壤穿行时娇嫩的皮肤不受伤害。同时，蚯蚓体表有粗糙触感的刚毛，可以帮助蚯蚓抓紧地面，并与肌肉协同不断前进。

趣谈：雌雄同体的蚯蚓

蚯蚓是雌雄同体生物，但它们仍需交配才能生宝宝。两只蚯蚓交配时会互相赠送精子，然后精子在各自体内同卵子结合，最后受精卵就慢慢发育成小蚯蚓了。

趣谈：粪便也有大用途

蚯蚓不仅自身贡献多多，连"便便"也有很多用途。蚯蚓粪湿度适宜，孔隙大，耐水冲刷，是优质的有机肥和土壤改良剂，还能吸收净化恶臭物质。生物学家达尔文曾说"除了蚯蚓粪粒之外没有沃土"，可见蚯蚓粪的肥沃性。

蚓激酶被用作溶栓药物，广泛用于心脑血管疾病的治疗，还对癌症治疗有一定的功效。

应用：医药蚯蚓

现代医学证实：蚯蚓体内的活性物质可以增强免疫力，促进伤口愈合，具有抗癌、抗菌、抗炎症等作用。

实践：保护与尊重

你观察过蚯蚓吗？你一般会在哪里看到它们？雨后，总能在路上发现出来透气的蚯蚓，有一些已经无法继续蠕动，它们或因太阳出来被晒干，或因人为踩踏死去，我们应该怎样对待这些逝去的生命呢？

假若我们在路边发现蚯蚓，不妨大胆一些，将它们送回泥土吧！让活着的蚯蚓继续改造土壤，死去的蚯蚓进入大自然参与物质循环。

断尾求生：壁虎

指导老师：陈爽（北京市回民学校） 作者：段嘉琦（北京第一实验小学）

  壁虎是蜥蜴目的一种，它们体背腹扁平，身上排列着粒鳞或杂有疣鳞。别看壁虎相貌平平，它们可是人类生活中的好朋友。夏天的晚上，我和朋友们在院子里玩耍的时候，经常在电线杆上、屋檐下或墙壁上看到它们的身影。它们捕食苍蝇、蚊子、飞蛾、蟑螂等害虫，这是我喜欢壁虎的主要原因。

  我喜欢壁虎的另一个原因是因为它们很神奇。它们不仅可以在墙壁上直上直下地行走，还能在天花板或其他光滑的平面上停留与爬行，动作极其灵活、敏捷，简直视重力如无物。那是因为它们的足垫和脚趾下密布着很多刚毛，这些刚毛有着超强的黏附能力，所以它们能够轻而易举地抓牢物体，在任何地方行动自如、"飞檐走壁"。它们就是攀爬界的高手，是不折不扣的"攀爬大师"。

  壁虎的神奇还不止于此。我们都听过《小壁虎借尾巴》的故事，壁虎的尾巴又细又长，它们不仅有掌握平衡的作用，还可以用来逃避危险。小壁虎的尾巴被蛇咬掉后，不久又能长出一条新的尾巴。壁虎断尾，其实是一种自救方式，在生物学中叫"自切"。断尾离开身体后，神经并没有马上失去作用，所以它还会摆动，这样既迷惑了天敌，也达到自卫的目的。

  这就是壁虎，一种有趣又神奇的动物。

"攀爬大师"：壁虎

查找：壁虎小档案

壁虎是爬行纲蜥蜴目壁虎亚目动物的统称，可在墙壁、天花板或光滑的平面上迅速爬行，哪怕头朝下脚朝上也不会掉下来，是名副其实的"攀爬大师"。

探究：奇妙的尾巴

当壁虎受到威胁时，它可以强烈收缩尾部肌肉让横膈膜两端断开，断掉的尾巴短时间内会继续跳动以吸引天敌注意。逃生后的壁虎可以分泌一种特殊的"生长素"，这种激素可以刺激再生性细胞长出新尾巴。

无可动眼睑

身体扁平
身体柔软

尾易断

阅读：应用物理大师

美国科学家罗伯特·福尔等人研究发现，壁虎是自然界数一数二的"应用物理大师"。壁虎每只脚底部长着数百万根极细的刚毛，而每根刚毛末端又有 400—1000 根更细的分支。这种精细结构使得刚毛与物体表面分子间的距离非常近，从而产生分子引力。

在壁虎趾尖既宽又平的足垫上，有横向的肌肉，称为皮瓣，里面长满了细细的刚毛。

靠这种强大的引力，一只身长 10 厘米的壁虎，用它不过几平方毫米的脚掌，理论上可以提起重达 40 公斤的重物！

壁虎神奇的构造给了科学家怎样的灵感，促生了哪些发明创造？

胶带表面

● 英国物理学家安德烈·盖姆及其同事研究模仿壁虎脚趾的微结构制作了一种柔韧的胶布，上面覆以上百万根人工合成的绒毛，每根毛的长度不足2微米。根据推算，一块巴掌大的这种胶布就能将一个成年人悬吊起来。

● 美国麻省理工学院的科研人员受壁虎黏性掌面启发，研制出防水绷带，使患者的伤口无须缝针便能愈合。

拓展：壁虎的"亲戚"——睑虎

睑虎的瞳孔在白天竖直成一条直线，眼睛的虹膜颜色丰富且鲜艳，有橄榄绿、黄色、橙色、血红色、乳白色等。睑虎无法像壁虎一样在陡峭的地方攀爬，但是受到威胁时也可自断尾巴并再生。

本蛙也是保护动物哟！

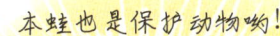
野生动物保护法

睑虎已被列入国家林业和草原局2000年8月1日发布的《国家保护的有益的或者有重要经济、科学研究价值的陆生野生动物名录》。非法捕杀受国家保护的野生动物，将受到刑法制裁。

名词解释

① 叶状体

　　叶状体是根、茎、叶没有真正分化的植物体,它们就像手脚未分化的胎儿,是植物界较低级的种类。

　　植物的进化很漫长。几十亿年来,为了更好地存活,它们从原始的单细胞生物向多细胞生物演变,先演变为低等的、无根、茎、叶分化的叶状体植物;再演变为高等的、有根、茎、叶分化的茎叶体植物。地球环境日渐趋于稳定后,植物界中的某些"偷懒者",只要日子过得下去,就不再刻意进化,在自己的"舒适区"中生存、繁衍,一晃就是几亿年。这些"偷懒者"中就有叶状体植物,也可以说它们是植物进化过程中的"落单者"。我们常见的藻类、菌类、地衣,以及部分苔藓植物等,都是叶状体植物。

② 维管束

　　维管束是一种维管组织,其结构由木质部和韧皮部成束状排列形成,多存在于植物的茎、叶等器官中,并相互连接构成维管系统。维管束就像我们人体的血管,是植物的营养运输管道,主要为植物体传输水分、无机盐和有机养料等,也有支持植物体的作用。

　　为什么大部分植物都有维管束呢?其实,这也是植物进化的结果。原始的低等植物是没有维管束的,因为它们大多浸泡在水中,或生长在湿润的低洼区,不用维管束也能获取足够的水和养料。后来,高等的陆上植物出现了,这些植物也离不开水和养料,为此它们不仅进化出了可汲取土壤养分的根,还进化出了可将这些物质传遍全身的维管束。

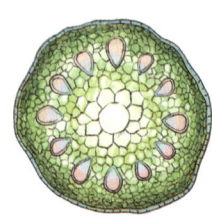

"维管束"横截面

③ 孢蒴

孢蒴，又称孢子囊，是孢子植物的繁殖器官。孢子植物主要包括藻类植物、菌类植物、地衣植物、苔藓植物和蕨类植物，是地球上最古老的生命类群，喜欢在阴暗、潮湿的地方生长。

孢子植物的繁殖方式是特殊的，它们不像种子植物那样用种子传播下一代，而是用孢子繁殖后代。孢子又小又轻，很容易飘得很远，盛放孢子的地方就是孢蒴。孢蒴一般呈球形、卵形或圆柱形，位于苔藓植物孢子体的顶端，可以说孢蒴是孢子的"房子"。

④ 叶绿素

对于绝大多数的生物来说，活细胞所需要的能量，最终源头来自太阳的光能。将光能转化成细胞可利用的化学能是光合作用。但是进行光合作用的细胞，首先要能够捕获光能，而叶绿素就是生物体捕获光能的一类色素。又因叶绿素主要吸收红光和蓝紫光，反射绿光，所以我们看到的植物大多是绿色的。

⑤ 花青素

花青素又称花色素，是一种水溶性天然色素。我们看到的紫甘薯、紫葡萄、蓝莓、草莓、桑葚等蔬菜水果，之所以有大红大紫的颜色，就是花青素的"功劳"。花青素的功能非常强大，不仅可作为食品的天然防腐剂，以减少化学防腐剂对人体的危害，还有抗衰老和预防癌症的功效。对于儿童来说，花青素还有一个很重要的功能，那就是预防近视。所以，大家可以多食用紫色的水果蔬菜来保护眼睛。

⑥ 有机质

有机质大多指土壤有机质，也就是土壤中来源于生命的物质，如土壤微生物、动植物残体、动植物分泌物等。土壤有机质是植物营养的重要来源，不仅能促进植物的生长发育，改善土壤的肥力，还能促使土壤生物活动，加快土壤生物对土壤中营养元素的分解。通常来说，土壤有机质越多，土壤肥力越高。

⑦ 分解者

分解者主要是细菌和真菌，也包括蚯蚓之类的小动物，它们会吃生物的遗体、残骸、粪便等，通过自身的特殊机能，将食物逐步分解为无机物（二氧化碳、水、氨等）。分解者在生态系统中有着重要的地位，在维持生态系统物质循环正常进行的同时，还保证了生态系统结构和功能的稳定性。如果没有分解者，动植物的遗体和动植物的排泄物会堆积如山，生态系统就会崩溃。

⑧ 蚯蚓生物滤池

蚯蚓生物滤池是一种利用蚯蚓进行生物过滤的系统，主要用于生活垃圾、污水和养殖废水等有机废弃物的处理。该系统是将蚯蚓放入废弃物中，让蚯蚓在里面生长、繁殖，再通过蚯蚓肠道中的微生物，将废弃物中的有机物质进行分解与转化，这样就会得到肥料或其他有用的产物。通俗来讲，就是让蚯蚓食用废弃物，最终排泄出有用的肥料。

蚯蚓生物滤池模式图

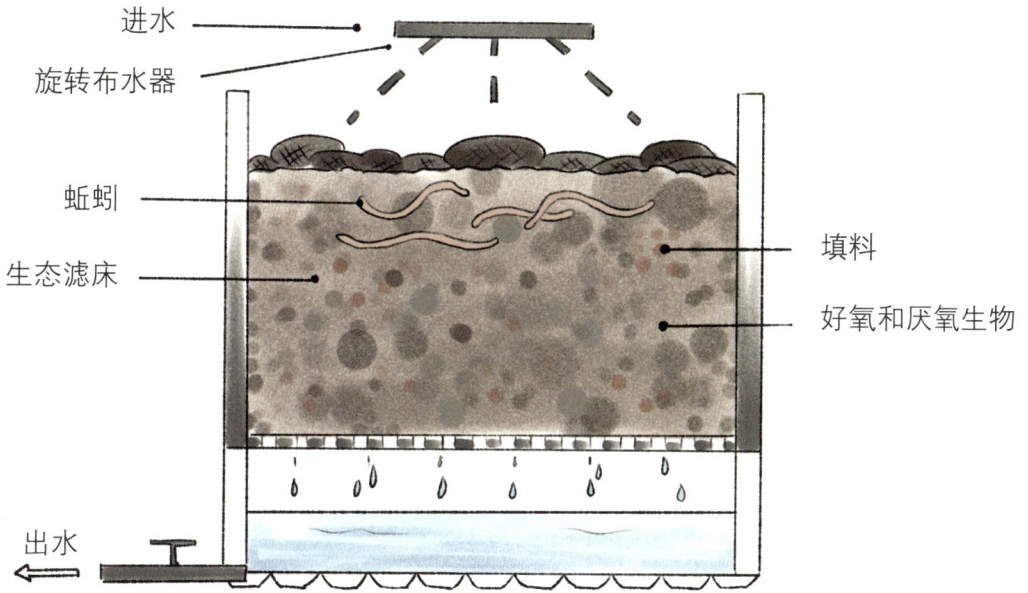

第五章

田野山林
城市公园

102　　"痒痒树"真的会痒吗？

107　　药食同源话紫苏

110　　"东方宝石"：朱鹮

114　　囊萤照书：萤火虫

118　　名词解释

"迟日江山丽,春风花草香。泥融飞燕子,沙暖睡鸳鸯。"春风融融,沃野复苏,一年周而复始,人们欢欢喜喜迎新春的同时,不少生物也结束了漫长的休憩,迎来了崭新的日子。

趁阳光正好,去田野山林、城市公园里撒个欢吧!仰望蓝天、白云、星空,看看飞鸟用什么姿势翩然飞过;摸摸古树粗糙的树皮和绿枝;等夜幕将至的时候,找找小灯般一闪一闪的萤火虫。

要加深对一种生物的了解,不妨动手做一做自然笔记。这是自然绘画记录的升级任务,你不仅要观察生物的外观形态,更需要搜集许多的资料,了解它们独有的特色,还可以提出一些问题,再自己寻找答案,使自己的研究变得更丰满。

"痒痒树"真的会痒吗？

指导老师：王宇鑫（北京市海淀区万泉小学）　作者：刘明语（北京市海淀区万泉小学）

紫薇，也叫痒痒树。一次，我跟小伙伴在一起玩耍，他的小姨发来微信说她们校园里有一种神奇的树，只要轻轻摸摸树干，花就会痒到不停地动，好像和人在对话交流一样。我们听了感觉好有趣，就想去试试痒痒树是否真的会痒。

在夏天紫薇花开的季节，我们带着内心的好奇来到中国科学院植物研究所北京植物园里的紫薇园开始了我们的小实验。我们选取了不同花色（白色和红色）的紫薇作为实验对象，用株型和大小差不多的木槿作为对照树，用不同物体（手指、剪刀、木棍）对紫薇树开始了挠痒实验，用坐标纸和摄像机实时记录实验树的枝条末端叶片的晃动幅度和晃动方向。通过实验我们发现紫薇确实"怕痒"，不同花色的品种间差异不显著。以红花紫薇为例，当它光滑的树干被挠动时，它的枝叶就会晃动，晃动幅度为 0.6—2cm。不同的物体挠动紫薇树干时，它的晃动幅度不同，用手指挠动时晃动幅度在 2cm 左右，用剪刀挠动时幅度约为 1cm，用木棍挠动时幅度仅为 0.8cm 左右。这真是太神奇了。

可是"痒痒树"为什么会怕痒呢？有人说是因为紫薇树型一般都是"头重脚轻"，重心不稳，因此稍一触动就会枝叶晃动；有人说是因为紫薇树干光滑且具有较强的传导性能，摩擦引起的震动被传递到枝梢引起晃动；也有人说紫薇树干含有类似人类传感神经的特殊物质，可以感知外来刺激并产生全株反应引起枝叶晃动。虽然众说纷纭，但是我们认为第二种说法似乎更合理，因为在实验中我们用不同物体挠动枝干时紫薇枝叶晃动的幅度差异显著。

通过这次有趣的实验，我们不仅认识了"痒痒树"这种神奇的植物，还了解了很多关于"痒痒树"的传说与故事。如果有机会，我和小伙伴一定还要继续开展科学实验来研究它。

图片：北京教学植物园
魏红艳

会"痒痒"的树 紫薇

查找：紫薇小档案

紫薇是千屈菜科紫薇属落叶灌木或小乔木，又称百日红、痒痒树。紫薇的花有淡红色、紫色或白色，它的花期很长，能陪伴我们度过整个夏天。

观察：紫薇的花朵

紫薇的花朵很有意思，它的雄蕊有两种形态：一种在花的中心，花丝较短，花药呈黄色；另一种在外圈，花丝长，有不太明显的褐色花药。

当传粉昆虫被中间的短雄蕊吸引过来享受花粉大餐时，其腹部就会蹭到外侧的雄蕊，沾上花粉，从而帮助紫薇进行传粉。

一朵花中有两种不同的雄蕊，这种现象在植物界被称为"异形雄蕊"，是达尔文最早提出的。

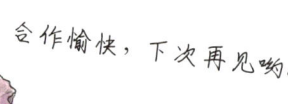
合作愉快，下次再见哟。

位于中间的短雄蕊被称为给食型雄蕊，专门为传粉昆虫提供花粉作为食物。

外侧的褐色雄蕊叫传粉型雄蕊，这里的花粉发育正常，花粉粒更大。

探究：紫薇没有树皮吗？

有人说紫薇的树干非常光滑，它没有树皮，这是真的吗？其实不然，随着树干的增粗，外部的褐色老皮会因为内部组织向外生长的压力不断脱落，看上去好像没有树皮，只有裸露的木质部①结构。其实，那是它生长出来的洁白新皮。

田野山林 城市公园　105

实践：给紫薇挠痒痒

用手挠挠紫薇的树干，它的树叶、花朵和枝条都会随之颤动，像是被挠了痒痒。这不是因为它真的有感觉，而是因为紫薇树干从上到下粗细均匀，但顶部枝叶十分茂盛，使它有些头重脚轻，因此底部树干受到摩擦引起的震动非常容易通过坚实的树干传导至各个部位。

阅读：诗里的紫薇

紫薇在我国的栽培历史悠久，早在唐朝就被广泛种植于皇宫和乡村，许多文人墨客的诗词中都有描写紫薇的语句。

唐代诗人白居易在《紫薇花》中，展现了紫薇不与百花争春、独自在夏季开放的特点。

紫薇花对紫微翁，名目虽同貌不同。
独占芳菲当夏景，不将颜色托春风。
浔阳官舍双高树，兴善僧庭一大丛。
何似苏州安置处，花堂栏下月明中。

拓展：古老紫薇在哪里

在贵州省印江县紫薇镇生长着一棵树龄已有1300多岁的千年紫薇树。它高大、威武，树干粗壮，需要几个人拉手才能围住。历经千年时光，这棵紫薇树依然枝繁叶茂、花团锦簇，吸引了不少游客慕名而来。

药食同源话紫苏

指导老师：杨天（北京教学植物园）　作者：高羽涵（北京市东城区景泰小学）

提起紫苏，可能很多人并不是特别熟悉。不过一提王安石的诗句"爆竹声中一岁除，春风送暖入屠苏"，可谓家喻户晓，其中的"屠苏"有一种说法指的就是紫苏。

紫苏，别名很多。古人为其起了一个好听的名字——荏。所谓光阴荏苒，荏苒就是这种植物一年又一年生长到茂盛的样子，后来人们就用这个词来指时间飞逝。另一别名"苏子"，想必养鸟的人会非常熟悉，"给鸟来点谷子、瓜子，再来点苏子"，苏子苏子，紫苏的种子，由此而来。

紫苏原产于我国，叶子多为紫色或绿色，叶缘锯齿型；茎直立，四棱形，密生细长柔毛；花紫红色，如少女婀娜的身姿。闭上眼睛想象，成片的紫色点缀着星星点点的绿，该是多么梦幻的色彩！

紫苏不仅颜值高，还有着薄荷般的清香，很好吃呢！在日本料理、韩国料理中都能看到它。日料中刺身下面铺满紫苏叶，韩国紫苏泡菜罐头，韩式烤肉必备配菜……啧啧，想想都垂涎三尺。不过，要说菜品花样之多，当数我中华民族。紫苏既可以稍作处理简单凉拌，也可以炒着吃、炖着吃、涮火锅、泡茶喝，甚至还能炸着吃。我喜欢紫苏天然的味道，给大家介绍一道紫苏寿司的做法：取新鲜紫苏洗净铺平，上面放上饭团、蛋卷和配菜，然后卷起来，美味立刻就做好了。一口咬下去，清凉而又辛辣的味道唇齿留香，沁人心脾。

紫苏不光是一种好吃的菜，还是一种药材呢！据说三国时期著名医生华佗有次出去旅行，发现一堆人因螃蟹吃多了闹肚子，就拿出一些紫色的叶子煎药给他们吃，药到病除。南北朝的陶弘景在《本草经集注》中写道：紫苏性温味辛，具解表散寒、理气宽中、安胎解毒等功效。所以才能解螃蟹寒气，是吃海鲜的最佳伴侣。

紫苏这种植物，明明可以靠颜值，却偏偏又富有才华，不禁让人心生敬畏！

时光荏苒：紫苏

查找：紫苏小档案▷

紫苏是唇形科紫苏属的一年生草本植物，又名桂荏、荏等。唇形科植物体中富含芳香油，可做香料、提取精油。我们熟悉的薰衣草、薄荷、迷迭香等都是这个科的成员。

唇形花冠像我们的嘴唇一样分为上下两部分

观察：唇形科家族▽

唇形科可谓最好辨认的植物类群之一了。茎四棱、叶对生、唇形花冠，揉搓它们的叶子会闻到芳香气味。

而嘴唇中间的通道便是留给传粉昆虫采蜜用的

探究：紫苏又叫荏？▷

我们用"时光荏苒"来形容时光流逝，这个词其实与白苏有关。

"荏"是白苏的古名，而白苏则是紫苏的变种，它的叶片是全绿的。

对比：紫苏、白苏、回回苏▷

古人认为紫苏和白苏是不同的物种，但现在的植物学家认为它们是同一种类。除了紫色的紫苏和绿色的白苏，我国主要栽培的还有半紫半绿的回回苏，它也是紫苏的变种之一。

白苏和紫苏是什么关系呢？

古人发现白苏从发芽到枯萎正好需要一年时间，看着白苏渐渐成熟，就能感受到时间正在悄悄流逝。

白苏
紫苏

其实都是小弟！

拓展：紫苏美食

紫苏既可以直接食用，也可以当作佐料。在吃烤肉、生鱼片时，用紫苏叶包裹住食材可以去腥提鲜；蒸螃蟹时加入紫苏可以驱寒；在北方，人们也会将紫苏叶子与咸菜疙瘩、青辣椒一起切碎拌匀后当作凉菜；紫苏梅饼、紫苏酸枣等也是老少咸宜的零食。

探究：紫苏又叫野芝麻？

在芝麻传入中国之前，古人的主要油料作物[2]是大麻和紫苏。其中紫苏的种子被称为"苏子"，出油量在38%左右。因此紫苏也有了"野芝麻"的俗名。

由于紫苏油的分子结构特点，其与空气作用后会变成硬质的固态，还常被用来制作防水纸和油灯。

应用：药食同源

紫苏除了食用价值，它的茎、叶、果实还有很高的药用价值，是一味传统中药。它性温、味辛，能够解表散寒、行气和胃、解鱼蟹毒，和海鲜是绝配！

"东方宝石"：朱鹮

指导老师：陈宏程（北京市育才学校）　作者：郑月航（北京市育才学校）

你，在地球上生活了 5000 万年的古老居民；你，日本人口中的桃花鸟、中国诗人笔下的朱鹭、洋县人眼中的红鹤；你，已然从动物界中脱颖而出并因洋县人的珍视，家族得以复兴。你，就是被人们称为"东方宝石"的朱鹮！

1963 年，你已在俄罗斯绝迹；1980 年，朝鲜半岛完全痛失了你；2003 年，日本的最后一只桃花鸟在人们的关注中离世。从此，全世界的鸟类研究者们在全世界搜寻你的身影。其实早在 1981 年 5 月 18 日，中国的鸟类学家就在第三次洋县考察中发现了朱鹮的存在！

这个世界，给每个生命留下了痕迹。唐诗有云："翩翩兮朱鹭，来泛春塘栖绿树。羽毛如翦色如染，远飞欲下双翅敛。"朱鹮外貌出众，细长的喙如同那黑暗中的一抹红光，浅红色的羽毛映衬出旭日东升的色彩。静立在石头上时，朱鹮就像一个和平使者守护着善良的洋县人们，洋县人们也通过禁猎护林守护着犹如宝石一般的你们。姚家沟的树林深处，一对对"青梅竹马"的朱鹮在哺育自己的孩子，鸟妈妈用喙轻轻地梳理着雏鸟的羽毛。此时此景，让我们真切地感受到动物之间的爱就是这么的简单和单纯。在秦岭这片珍稀生物的栖息地上，因为有

了当地朴实人民的守护,到处散发着朱鹮快乐生活的气息,常常听到保护区的工作人员这样和游客说:"我怎么对待我的孩子的,我就怎样对待朱鹮,朱鹮已经成为我们家的一员。"

朱鹮,东方的宝石,作为古老鸟类为数不多的现生物种,以其对环境变化的抗争能力和适应能力,显示出较高的物种价值。"朱鹭戏萍藻,徘徊流涧曲。"住于林间,食于田中,轻飞曼舞,与金丝猴和大熊猫等物种为伴,如今和未来,朱鹮永远是人们眼中一道亮丽的风景!

"东方宝石"：朱鹮

查找：朱鹮小百科 ▽

朱鹮，属于鹈形目鹮科，中型涉禽[3]，是屡屡出现在古籍中的鸟类。它的样貌动人，成鸟枕部有长长的柳叶形羽冠，身披白色羽毛，展翅时能看见翅膀下绚丽的绯红色飞羽。

观察：朱鹮的特殊装扮 ▽

3月中旬至6月下旬是朱鹮的繁殖季。许多鸟类在求偶时都会换上靓丽的羽毛，朱鹮则不同。它们将颈部肌肉中分泌的灰色素涂在身上，把原本光鲜的羽毛染成灰黑色，到繁殖期结束才换回来。

不容易被发现，我和宝宝都会更安全！

朱鹮濒危的原因

❶ 环境污染

人类使用的杀虫剂会停留在昆虫体内，吃掉昆虫的朱鹮也会因此受到牵连。"中毒"后的朱鹮容易产下软皮卵或无精卵，无法正常孵化宝宝。

❷ 食物短缺

朱鹮是食量很大的"大胃王"，但水质污染导致小鱼、泥鳅等水生动物减少，造成它们食物短缺。

饿……

田野山林 城市公园 113

没什么大本领，但巨能吃……

3 栖息地破坏

高大的乔木最适合朱鹮筑巢，但人类砍伐树木，破坏了森林和湿地，朱鹮失去了可以保护它们的家。

4 人为猎捕

朱鹮羽毛漂亮且体型大，一些人为了获得暴利而大量捕杀它们。

朱鹮种群恢复方法

1 就地保护

在朱鹮生活的区域内，颁布禁止砍伐树木和使用化肥农药的规定。

2 人工繁育

近亲繁殖导致朱鹮遗传衰退，科学家们根据 DNA 为它们重新配对，不仅能使下一代的基因更加优良，受精率和幼鸟成活率也大大提高。

这可不行啊！你还没做基因检查呢！

3 种群重建

为朱鹮选择新的生存环境并进行野化放飞，逐步扩大它们的栖息地范围和种群数量，使野生朱鹮在大江南北都能自由飞翔。

阅读：从孤羽七只到万鸟竞翔的逆袭 ▷

　　1981 年，我国陕西洋县姚家沟发现了世界上仅存的 7 只朱鹮。经过 42 年的努力，朱鹮不再是极危动物，实现了从七只到上万只的生存跨越。保护朱鹮是中国保护生物多样性的成功案例，是生态文明建设的重要一步。

囊萤照书：萤火虫

指导老师：张玲玲（上海外国语大学附属普陀实验学校）
作者：陈韵斯（上海市普陀区长征中心小学）

一提到会发光的昆虫，大家一定会脱口而出"萤火虫"三个字。这是一种大家都喜爱的昆虫。说起萤火虫，很多人的脑海里都会浮现出浪漫夏夜的场景，让人那么陶醉。虽然我没有亲眼见过萤火虫漫天飞舞的样子，但书中对它的描写使我对它充满了向往，它是多么的神奇啊！

正是因为萤火虫的奇妙，我也对它产生了许多疑问。萤火虫尾部会发出绿色、橘色或黄色的光。这光是如何产生的呢？它们发出的光会不会伤害自己呢？原来，在萤火虫的尾端稍前方的两侧有一个特殊的发光器官，不管萤火虫处在发育的哪个阶段，它们的尾部都可以发光。萤火虫的发光器上附有一层光化物质，遇到氧气就发生化学反应而发光。紧靠这层物质的是一根气管，它们通过控制这根气管来控制进入的空气量，也就是氧气的量，从而随意控制了自己发光的强弱。它们发出来的光，并不含有红外线和紫外线，因此只有光亮却没有热量，这样的光自然也不会伤害它们自己了！它们发出如此让人感到浪漫的光，不仅是为了吓唬他们的天敌、诱捕猎物，也是为了求偶，这样的光对萤火虫本身的生存是很有帮助的。

古文里车胤把萤火虫装在囊中用来照明读书的故事，其实是无法实现的。现代科学家证明萤火虫发出的光不具有发散性，无法实现大面积的照明。

萤火虫飞在田野间，一定是吃植物为生吧！可事实上萤火虫不是素食者而是吃"荤"的，它竟是世界上最小的食肉昆虫。它们能够扑杀和自己一样大小的蜗牛作为美餐。很有意思的是，萤火虫是一个高明的"外科医生"，它先麻醉猎物，最后将它们化作汤汁，吮吸美味！而且还会有一些不请自来的"客人"共享美餐。

萤火虫真是一种不可思议的昆虫！我多么希望我能够近距离地看到这会发光的神奇昆虫，见到那萤火虫满天飞舞的浪漫夏夜！

囊萤照书：萤火虫

咏萤火
（唐）李白
雨打灯难灭，风吹色更明。
若非天上去，定作月边星。

查找：萤火虫小百科

萤火虫是昆虫纲鞘翅目萤科中能发光的昆虫的俗称，已知共有2000多种，分布于温带、亚热带和热带地区。萤火虫是如假包换的甲虫，雄萤一般生长有发达的鞘翅和膜翅。

观察：萤火虫的光

黑夜里的萤火虫就仿佛是漂浮的流星。除了黄色的荧光以外，萤火虫还可能发出橙、红、绿等颜色的荧光，有些萤火虫的卵、幼虫、蛹也能发光。

我超凶的！

幼虫的闪光被认为具有警戒、恫吓天敌的作用。

一起出去玩吧！

成虫的闪光被认为用来分辨同类、诱捕食物以及求偶。

探究：萤火虫发光时会变热吗？

日光、火光、白炽灯在发光时也会发热，所以我们把手放在白炽灯旁会感觉温暖。而萤火虫发出的是冷光，发光时产生的能量几乎都以光的形式释放，不会"烫到"自己。

日常的LED灯和霓虹灯也是冷光哟。

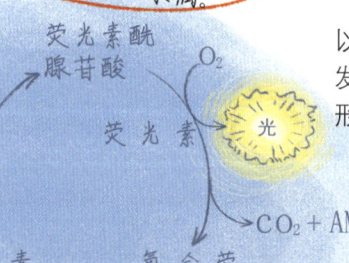

萤火虫之所以会发光，是因为体内含有荧光素和荧光素酶。荧光素能在荧光素酶的催化下与氧气作用，产生光能。

田野山林 城市公园　117

趣闻：昆虫也吃肉 ▷

　　萤火虫成虫多数种类只喝水或吃花粉和花蜜，因此寿命很短。但它们在幼虫时期是吃肉的，以螺类、贝类或者蜗牛、蛞蝓为食。

　　萤火虫幼虫看上去柔弱，实际上是猎杀的高手。在捕食蜗牛时，它会先爬上蜗牛背，将麻醉液注入蜗牛体内，等蜗牛失去知觉后再分泌消化液，将其分解并吸进肚子。

阅读：囊萤照书 ◁

　　《囊萤照书》讲述了一个买不起灯油的穷书生为了晚上也能读书，捉来几十只萤火虫放在白纱布袋里，借着微弱的荧光继续学习的故事。实际上萤火虫的光并不稳定，容易让眼睛感到疲惫，不能用来看书。不过，这个故事传达的精神依然值得学习。

思考：萤火虫为什么变少了？ ▽

　　如今我们很难看到萤火虫了。杀虫剂的滥用、公园绿地的过度消杀、枯枝落叶的过度清理，加上强烈的光污染等人类活动干扰，使萤火虫的生活空间越来越小。

　　想看见萤火虫再次飞舞，保护环境是第一步，因为萤火虫对土壤和水质的要求很高，是重要的环境指示物种[6]。如果有幸遇见，请不要打扰，和它一起享受同一片碧水蓝天吧！

名词解释

① 木质部

　　木质部是蕨类植物和种子植物中都有的复合组织，主要用来输导水分和无机盐，还有支持植物体的作用。我们用来建造房子和家具的木材，主要就由木质部构成。不过木质部并不等同于木头，也不是只有大树才有木质部，草本植物中同样有木质部，只不过它们的木质部不太发达，也没有形成木质化的细胞壁，支持力弱，并且富含汁水，所以草本植物的茎不如树干坚硬，比较柔软易折。

木本植物的茎切面（以椴树为例）

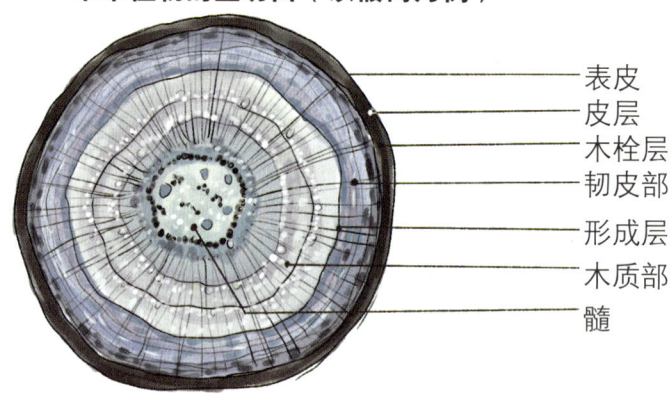

表皮
皮层
木栓层
韧皮部
形成层
木质部
髓

草本植物的茎切面（以南瓜茎为例）

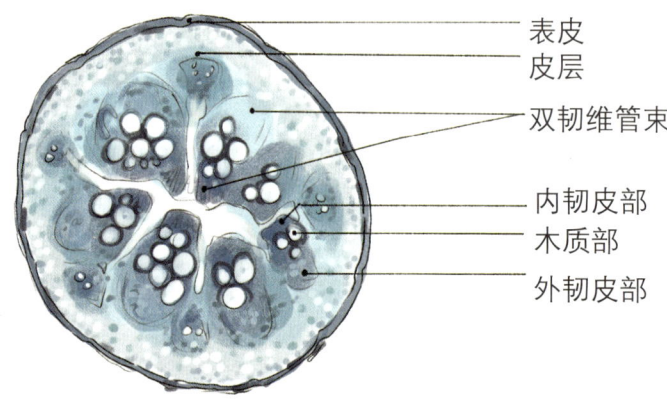

表皮
皮层
双韧维管束
内韧皮部
木质部
外韧皮部

② 油料作物

我们做饭时使用的烹调油,大部分都是从一些果实或种子富含油脂的作物中提炼出来的,比如葵花籽油、大豆油、橄榄油、花生油等。这些能够用来榨油的作物就被称为油料作物。油菜、大豆、花生和芝麻被称为我国的四大油料作物,因为它们的种植面积占全国油料作物的90%。与油料作物类似的概念还有糖料作物、染料作物、香料作物、药用作物等,这是基于农作物的用途为它们分的类。

③ 涉禽

汉字"涉"的本义是徒步渡水。涉禽,指的就是那些善于涉水,在沼泽和水边生活的长脚鸟类,包括鹭类、鹳类、鹤类和鹬类等。它们具有"三长"的特征——嘴长、颈长、脚长,体态非常优雅。除了涉禽以外,六大鸟类生态类群还包括善于鸣叫的鸣禽、喜欢在陆地活动的陆禽、擅长攀爬的攀禽、擅长游泳的游禽、性格凶猛的猛禽,这是根据鸟类的栖息地类型和形态特征来划分的。

除了朱鹮,常见的涉禽还有以丹顶鹤为代表的鹤类和以白鹭为代表的鹭类等。

④ 野化放飞

把从菜市场救下来的鸽子放飞到天空,这种行为叫作放生。野化放飞虽然也是把鸟类放归到自然,却没有那么简单。它的重点在于动物的"野化",需要让人工养殖的鸟类学会在野外独立生存,训练它们的觅食、运动能力以及识别敌害、躲避敌害的能力,还得让它们不再那么亲人,避免它们主动接近人类,向人类讨食。除了这些以外,后续的跟踪和监测也很重要。野化放飞是严谨的生物保护行为,不仅需要爱心,也需要科学规范。对一些珍稀的鸟类来说,野化放飞能够扩大它们的栖息地,并给野生种群带来新鲜的遗传资源，有效增添它们的数量，加固物种之间的平衡。

⑤ 种群

在一定的自然区域内，同种生物的全部个体形成的群体就叫作种群。一个池塘里所有的鲤鱼、一片草地上所有的山羊、一座青山中所有的竹子，都能被称为一个种群。种群是生态学所研究的最小的生态单位，它不单单是一个科学概念，也与我们的生活息息相关。了解一片海域适不适合大量捕鱼、一片农田的害虫有没有多到需要治理，都需要对生物的种群密度进行调查。野生动物资源的合理利用和保护、生态环境的平衡与和谐更是离不开对种群的研究。

⑥ 环境指示物种

萤火虫喜爱干净的水和草地，如果环境不达标，它们就会死亡或者搬走，所以我们只有在环境优美的地方才能见到它们。像萤火虫这样对环境要求比较高的物种，就被称为环境指示物种。它们或是对水质、空气有要求，或是对土壤的酸碱度变化十分敏感，还有的能对一种或两种特定的污染物有反应。它们的状态和数量就像是指示表，可以告诉我们环境中发生的改变和即将发生的改变。我们常见的环境指示物种还有苔藓、地衣、蜉蝣、蝙蝠等。